Comprehension of Statistical Mathematics 쉽게 배우는

통계수학의 이해

김순귀 • 안성진 지음

황소걸음 아카데미
Slow & Steady

쉽게 배우는

통계수학의 이해

펴낸날 | 2013년 3월 5일 초판 1쇄
지은이 | 김순귀 안성진
만들어펴낸이 | 정우진 강진영
꾸민이 | Moon&Park(dacida@hanmail.net)
펴낸곳 | 121-856 서울 마포구 신수동 448-6 한국출판협동조합 내
편집부 | (02) 3272-8863
영업부 | (02) 3272-8865
팩　스 | (02) 717-7725
이메일 | bullsbook@hanmail.net
등　록 | 제22-243호(2000년 9월 18일)

황소걸음 아카데미
Slow & Steady

ISBN 978-89-89370-81-9 93410

교재 검토용 도서의 증정을 원하시는 교수님은
출판사 이메일로 연락주시면 검토 후 책을 보내드리겠습니다.

* 이 저술은 2011년도 강릉원주대학교 학술연구조성비지원에 의하여 수행되었음.

머리말

이 책은 지난 수년 간 대학에서 강의한 강의 노트와 여러 권의 수학, 통계학 도서를 근간으로 저술한 통계수학에 관한 입문서이다.

각 장마다 통계수학의 기본 개념과 정의, 이론 등을 소개한 뒤에 바로 연이어 관련된 예를 배치함으로써 통계수학의 기본 개념과 이론 등을 습득하도록 하였다. 또한 본문의 예제 등을 통하여 가능하면 비중 있고 중요한 사실을 보여 주어 독자들에게 신선한 관심과 자극을 유발하도록 계획하였다. 본문과 예제의 이해를 돕기 위한 그래프 작성을 위하여 Maple 16을 사용하였다. 이 교과에서 Maple을 자세히 익힐 필요는 없겠지만, 기본적인 그래프 작성은 직접 시도해 볼 것을 권장한다. 더불어 각 절의 마지막에 연습문제를 실음으로써 통계수학의 이해와 복습에 도움이 되도록 저술하였다.

함수 전에 수열을 다룰 수도 있었지만, 수열과 급수를 한데 묶어 적분 뒤에 배치하였다. 필요에 따라 가장 먼저 수열을 다루어도 좋을 듯하다. 본문의 내용과 문제들을 이해하고 습득하는 것이 쉽지 않을 수 있겠지만, 하나하나 해결하면서 즐거움을 느낄 수 있을 것이다.

물론 이 책 한권에 통계수학의 모든 토픽을 다루지는 않았지만, 우리가 반드시 알아야 할 또한 필요한 기본적인 개념들을 담으려 노력하였다. 이 책을 통하여 독자들이 통계수학의 개념과 기본 원리들을 이해할 수 있다면 더 이상의 기쁨은 없을 듯하다.

책의 발간을 허락해준 황소걸음 정우진 사장님과 편집부에 깊은 감사를 드리며, 원고 정리에 힘써준 강릉원주대학교의 박명현 선생과 격려의 말을 아끼지 않은 가족에게 고마움을 표한다.

여러 가지 부족한 면이 많지만, 독자 여러분의 지적뿐 아니라 선배 동료들의 질책과 고언을 기다린다.

2013. 3.

저자 씀

차례 Contents

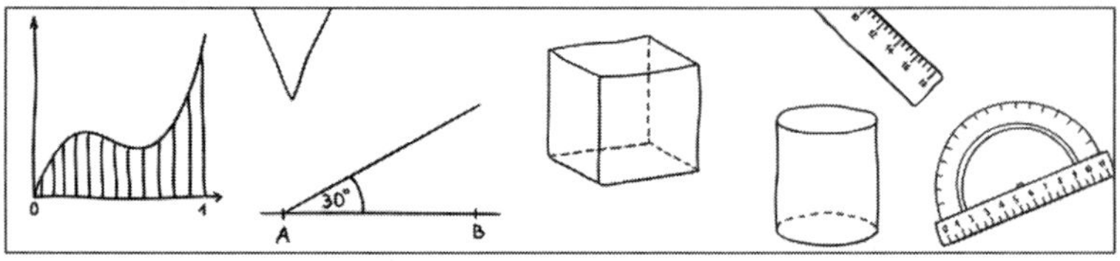
30°
A
B

5장 / 이변량함수의 미분 173

6장 / 중적분 229

1장

함수의 극한과 연속

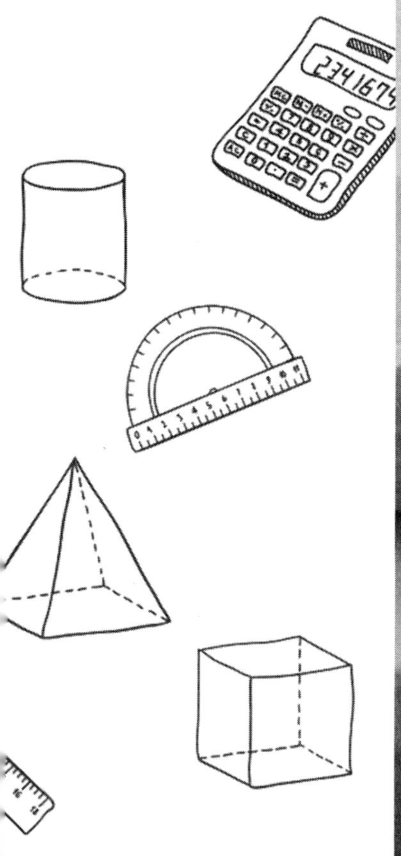

이 장에서는 함수를 정의하고, 합성함수와 역함수에 관하여 다룰 예정이다.
함수의 극한과 함수의 연속성을 정의하고, 역삼각함수와 쌍곡선함수 등을 공부한다.

1.1 함수

직선의 방정식을 생각하여 보자. 예를 들어 만약 직선의 식이

$$y = 2x + 1$$

이라면, 이 직선은 $y = 2x + 1$을 만족하는 모든 순서쌍 $(x,\ y)$들의 집합으로 간주할 수 있다. 즉, 임의의 실수 $x \in R$에 대하여

$$y = 2x + 1$$

을 만족하는 실수 y가 꼭 하나 존재하여 순서쌍 $(x,\ y)$가 직선상에 위치한다는 의미이다.

정의 (함수, function)

함수 $f: A \to B$란 집합 A의 임의의 원소 x를 집합 B의 한 원소 $f(x)$에 대응하는 규칙이다. 실수 $f(x)$를 x의 상(image), 집합 A를 f의 정의역(domain) $dom\,(f) = D(f)$라고 정의한다. 집합 A의 원소들의 상을 모은 $f(A) = \{f(x) : x \in A\}$를 f의 치역(range) $R(f)$이라 한다.

만약 $(a,\ b)$가 함수 f의 원소라면,

$$f : a \to b \text{ 또는 } b = f(a)$$

라고 표기한다.

예제 다음 함수의 정의역과 치역을 구하라.

$$f(x) = \sqrt{2x-4}$$

풀이

정의역 $dom(f) = \{x : x \geq 2\}$

치역 $R(f) = \{y : y \geq 0\}$ □

예제 집합 C를

$$C = \{(x,\ y) : x^2 + y^2 = 2\}$$

라 할 때, 집합 C는 함수인가?

풀이 $x = 1$일 때, $y = \pm 1$이므로, 집합 C는 함수가 아니다. □

(1) 합성함수

정의 **(합성함수, the composition function)**

함수 $f: A \rightarrow B$와 $g: C \rightarrow D$의 합성함수 $g \circ f: A \rightarrow D$를 다음과 같이 정의한다 (단, $B \subseteq C$).

$$(g \circ f)(x) = g(f(x)) \quad \text{for } any\ x \in A$$

예제 만약 함수 $f,\ g : R \rightarrow R$가 각각

$$f(x) = 2x$$

$$g(x) = 3x^2 - 1$$

일 때, 합성함수 $g \circ f$를 구하라.

풀이 $R(f)= R$이고, $D(g)= R$이므로

$$R(f) \subseteq D(g)$$

가 된다. 따라서 합성함수 $g \circ f$는

$$(g \circ f)(x) = 3(2x)^2 - 1 = 12x^2 - 1$$

이며, 이때 $D(g \circ f) = R$이 된다. □

(2) 역함수

임의의 함수 f에 대하여 만약 함수 f가 같은 값을 두 번 취하지 않는다면, 이때 새로운 함수를 만드는 방법을 생각해 보자.

정의 (1:1 함수 또는 단사함수)

함수 $f: A \to B$에 대하여, 만약

$$a \neq b \Rightarrow f(a) \neq f(b)$$

또는

$$f(a) = f(b) \Rightarrow a = b$$

이면, 이때 f를 1:1 함수(one to one function) 또는 단사함수(an injection)라고 정의한다.

정의 (전사함수 또는 위로의 함수)

함수 $f: A \to B$에 대하여, 만약 f의 치역 $R(f)$가

$$R(f) = B$$

이면, 이때 f를 전사함수(a surjection) 또는 위로의 함수(onto function)라 정의한다.

1:1 함수의 정의를 설명하는 다음 그림을 보라.

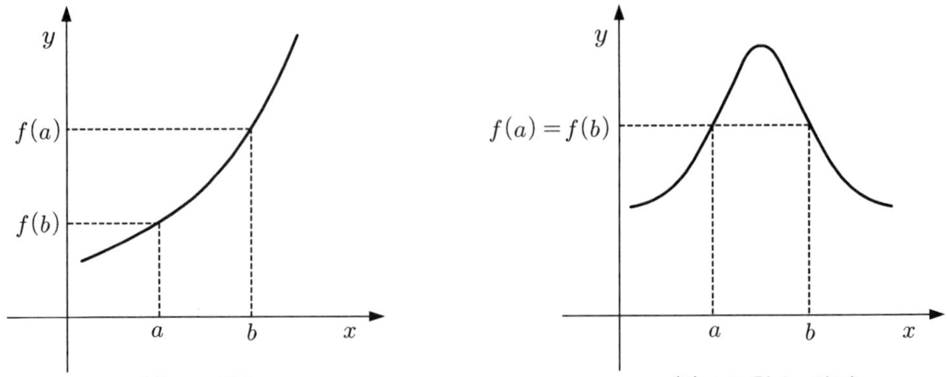

(1) 1:1 함수　　(2) 1:1 함수 아님

[그림 1.1.1]

정리 1.1.1

만약 함수 f가 구간 $I=[c,\ d]$에서 단조증가(monotone increasing) 또는 단조감소(monotone decreasing)한다면, f는 구간 I에서 1:1 함수이다.

[증명] 함수 f가 단조증가한다고 가정한다. 만약 $a<b$이면 $f(a)<f(b)$이고, $a>b$이면 $f(a)>f(b)$가 된다. 즉, $a \neq b$에 대하여

$$f(a) \neq f(b)$$

임을 알 수 있다. 따라서 함수 f는 1:1이다. □

1:1 함수에 왜 관심이 있는가? 만약 함수 $y=f(x)$가 1:1이라면, 임의의 y에 오로지 하나의 x가 대응된다. 따라서 x를 y의 함수

$$x=g(y)$$

라 할 수 있으며, 이 새로운 함수 g를 f의 역함수라 부르고 f^{-1}로 표기한다. 모든 1:1 함수는 반드시 그 역함수를 가진다.

예제 다음 함수는 아래의 영역에서 각각 역함수를 가지는가?

$$f(x) = x^2$$

(1) $D(f) = R(f) = R$ (2) $D(f) = \{x \in R : x \geq 0\}$

$R(f) = \{y \in R : y \geq 0\}$

풀이

(1) 함수 f는 1:1이 아니다.

$$(\because (2,\ 4) \in f,\ (-2,\ 4) \in f)$$

따라서 역함수를 가지지 못한다.

(2) 함수 f는 1:1이다.

$$(\because x^2 = y^2 \Rightarrow x = y)$$

따라서 함수 f는 역함수 $f^{-1} = g$

$$g(y) = \sqrt{y} \quad \text{for} \ \ y \geq 0$$

를 가진다. □

예제 다음 함수의 역함수를 구하고, 구한 역함수의 그래프를 그려라.

$$f(x) = \frac{e^x}{1 + e^x}$$

풀이

$$y = f(x) = \frac{e^x}{1 + e^x}$$

를 y에 대하여 정리하면

$$e^x = \frac{y}{1-y}$$

$$\Rightarrow$$

$$x = \log_e \frac{y}{1-y}$$

이므로, f의 역함수 g는 다음과 같다.

$$f^{-1}(y) = g(y) = \log_e \frac{y}{1-y} \quad \text{for } 0 < y < 1$$

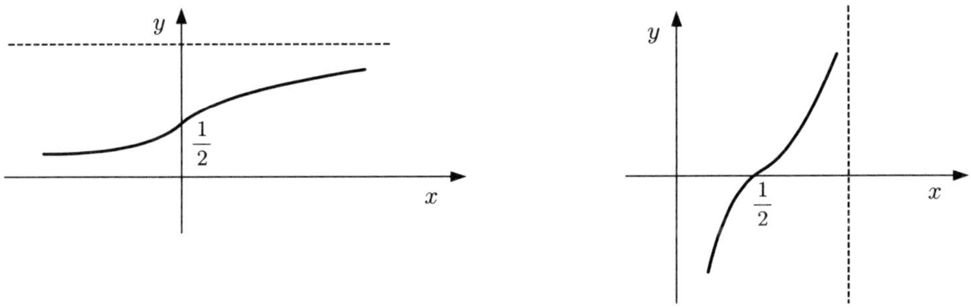

[그림 1.1.2] f와 f^{-1}의 그래프

위의 예를 통하여, 함수 f의 그래프와 f의 역함수 $f^{-1} = g$의 그래프는 $y = x$에 대하여 대칭임을 알 수 있다.

연습문제 1.1

1. 다음 방정식에서 y는 x의 함수인가?

(1) $2x+3y=5$ (2) $x^2-3y=2$

(3) $\sqrt{x+y}=1$ (4) $y^4-x=0$

(5) $y^2=\dfrac{x}{x+1}$ (6) $y=|x|$

2. 다음 함수의 정의역과 치역을 구하라.

(1) $y=x^3$ (2) $v=\dfrac{1}{u^2}$

(3) $y=\dfrac{1}{x+1}$ (4) $y=\sqrt{x^3-1}$

(5) $y=\sqrt{x^2-3x+2}$ (6) $y=\dfrac{2x+3}{3x+5}$

3. 다음 함수의 합성함수 $f\circ g$와 $g\circ f$를 구하고, 각각의 정의역을 찾아라.

(1) $f(x)=x^2,\ \ g(x)=2x+1$

(2) $f(x)=\sqrt{x+1},\ \ g(x)=x^2$

(3) $f(x)=\dfrac{x}{x+1},\ \ g(x)=\dfrac{x-2}{x}$

(4) $f(x)=\sqrt{1-x},\ \ g(x)=\sqrt{x-1}$

4. 함수 $f: A\rightarrow B$에 대하여, E, F는 집합 A의 부분집합일 때 다음을 보여라.

$f(E\cup F)=f(E)\cup f(F)$

$f(E\cap F)\subseteq f(E)\cap f(F)$

5. 함수 $f: A \to B$에 대하여, G, H는 집합 B의 부분집합일 때 다음을 보여라.

$$f^{-1}(G \cup H) = f^{-1}(G) \cup f^{-1}(H)$$

$$f^{-1}(G \cap H) = f^{-1}(G) \cap f^{-1}(H)$$

1.2 함수의 극한과 연속

미적분에서 함수의 극한(limit)은 매우 중요한 역할을 한다. 이 절에서는 어떤 점에서의 함수의 극한을 정의하고, 극한값을 구하는 방법에 관하여 공부하기로 한다. 물론 함수의 극한에 관한 개념과 다음에 다룰 수열(sequence)의 극한에 관한 개념 간에는 많은 공통점이 있다.

정의 (극한, limit)

개구간 I_1에 대하여, $c \in I_1$이다. 함수 $f : I_1 - \{c\} \to R$에 대하여, 만약

$$\lim_{x \to c} f(x) = L$$

이면, x가 c로 접근할 때 함수 f의 극한값을 L이라 부른다.

이를 ε, δ를 사용하여 조금 자세히 정의하여 보자.

정의 (극한)

함수 f는 열린 집합 $I_1 - \{c\}$에서 정의되었다. 만약 임의의 $\varepsilon > 0$에 대하여, 양수 δ가 존재하여

$$0 < |x - c| < \delta \Rightarrow |f(x) - L| < \varepsilon$$

이면, x가 c로 접근할 때 함수 f의 극한값을 L이라 정의하고, 다음과 같이 표기한다.

$$\lim_{x \to c} f(x) = L$$

x가 c로 접근한다는 말은, x가 c의 오른쪽에서 접근할 뿐 아니라 c의 왼쪽에서도 접근한다는 의미를 내포하고 있다. 또한 $x=c$일 필요는 없다.

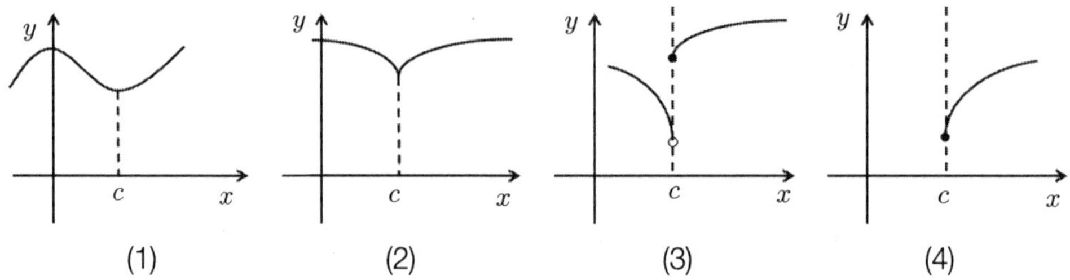

[그림 1.2.1]

위의 [그림 1.2.1]에서 (1)과 (2)는 $x \to c$일 때 극한값이 존재하지만, (3)과 (4)는 그렇지 않은 경우이다.

예제 ε, δ를 이용하여 다음을 보여라.

(1) $\lim_{x \to c} x^2 = c^2$ (2) $\lim_{x \to c} \frac{1}{x} = \frac{1}{c}$ if $c > 0$

풀이

(1) $x \to c$일 때, 임의의 $\varepsilon > 0$에 대하여

$$|x^2 - c^2| < \varepsilon$$

임을 보여야 한다. 이때 $|x-c| < 1$이면

$$|x^2 - c^2| < |x-c||x+c| \le |x-c|(2|c|+1)$$

이므로, 양수 δ를

$$\delta = \min\left(1, \frac{\varepsilon}{2|c|+1}\right)$$

로 잡으면, 다음이 성립한다.

$$|x^2 - c^2| \le |x-c|(2|c|+1) < \varepsilon$$

즉, 만약 $0 < |x-c| < \delta$이면

$$|x^2 - c^2| < \varepsilon$$

가 성립함을 알 수 있다.

(2) 양수 ε이 주어졌을 때, 양수 c에 충분히 가까운 x에 대하여

$$\left|\frac{1}{x} - \frac{1}{c}\right| < \varepsilon$$

임을 보여야 한다. 그런데 $\delta = \frac{c}{2}$로 잡으면 $|x-c| < \frac{c}{2}$이면, $\frac{c}{2} < x < \frac{3}{2}c$이므로

$$\left|\frac{1}{x} - \frac{1}{c}\right| = \left|\frac{x-c}{cx}\right| \le \left|\frac{x-c}{\frac{c^2}{2}}\right|$$

가 성립한다. 위의 식을 ε보다 작게 하기 위해

$$\delta = \min\left\{\frac{c}{2},\ \frac{c^2}{2}\varepsilon\right\}$$

로 놓으면

$$|x-c| < \frac{1}{2}c^2\varepsilon$$

이므로

$$\left|\frac{1}{x} - \frac{1}{c}\right| \le \left|\frac{x-c}{\frac{c^2}{2}}\right| < \varepsilon$$

가 성립함을 알 수 있다. □

정리 1.2.1

두 함수 f, $g : A \to R$에 대하여, 만약

$$\lim_{x \to c} f(x) = L$$

$$\lim_{x \to c} g(x) = M$$

이면, 다음이 성립한다.

(1) $\lim_{x \to c} (f(x) \pm g(x)) = L \pm M$

(2) $\lim_{x \to c} (f(x) \cdot g(x)) = L \cdot M$

(3) $\lim_{x \to c} (bf(x)) = bL$

만약

$$h(x) \neq 0 \quad \text{for } x \in A$$

$$\lim_{x \to c} h(x) = H \neq 0$$

이면

(4) $\lim_{x \to c} \left(\frac{f(x)}{h(x)} \right) = \frac{L}{H}$

가 성립한다.

예제 다음을 구하라.

(1) $\lim_{x \to 1} \frac{2x^3 - 1}{x^2 + 1}$　　(2) $\lim_{x \to 2} \frac{x^2 - 4}{3x - 6}$

(3) $\lim \left(\frac{\cos x - 1}{x} \right)$　　(4) $\lim_{x \to 0} \frac{\sin x}{x}$

풀이 [정리 1.2.1]을 이용한다.

(1) $\lim_{x \to 1} \frac{2x^3 - 1}{x^2 + 1} = \frac{\lim_{x \to 1}(2x^3 - 1)}{\lim_{x \to 1}(x^2 + 1)} = \frac{1}{2}$

(2) $\lim_{x \to 2} h(x) = \lim_{x \to 2} (3x - 6) = 0$

이므로, [정리 1.2.1] (4)를 이용할 수 없다. 만약 $x \neq 2$이면

$$\frac{x^2 - 4}{3x - 6} = \frac{(x+2)(x-2)}{3(x-2)} = \frac{x+2}{3}$$

이므로

$$\lim_{x \to 2} \frac{x^2 - 4}{3x - 6} = \lim_{x \to 2} \frac{x+2}{3} = \frac{4}{3}$$

이다.

(3) 나중에 증명하겠지만, 다음 부등식

$$1 - \frac{1}{2}x^2 \leq \cos x \leq 1 \qquad \text{for } all \;\; x \in R$$

을 이용하면

$$-\frac{1}{2}x \leq \frac{\cos x - 1}{x} \leq 0 \qquad \text{for } x > 0$$
and
$$0 \leq \frac{\cos x - 1}{x} \leq \frac{1}{2}x \qquad \text{for } x < 0$$

이므로, 다음을 보일 수 있다.

$$\lim_{h \to 0} \frac{\cos x - 1}{x} = 0$$

(4) 뒤에 증명할 다음 부등식

$$x-\frac{1}{3!}x^3 \le \sin x \le x \qquad \text{for } x \ge 0$$
and
$$x \le \sin x \le x-\frac{1}{3!}x^3 \qquad \text{for } x \le 0$$

을 이용하면

$$1-\frac{1}{3!}x^2 \le \frac{\sin x}{x} \le 1 \qquad \text{for } all \ \ x \ne 0$$

이므로

$$\lim_{x\to 0}\frac{\sin x}{x} = 1$$

이다. □

(1) 함수의 연속

함수가 점 또는 어떤 집합에서 연속(continuous)이라는 개념에 관하여 공부한다. 연속이란 매우 중요한 개념 중의 하나이며 이 책에서 자주 등장하게 된다.

정의 (연속, continuity)

함수 $f(x)$를 점 a를 포함하는 어느 구간에서 정의한다. 만약 다음 세 조건이

(1) $f(a)$가 존재한다.

(2) $\lim_{x\to a} f(x)$가 존재한다.

(3) $\lim_{x\to a} f(x) = f(a)$

모두 성립하면, 함수 f는 점 a에서 연속이라고 정의한다.

위의 조건 (3)은 만약 함수 f가 점 a에서 연속이라면, $\lim_{x\to a} f(x)$를 쉽게 구할 수 있음을 의미한다.

위의 정의를 ε, δ를 이용하여 나타내어 보자.

정의 (연속)

만약 임의의 양수 $\varepsilon > 0$에 대하여, 양수 δ가 존재하여

$$|x-a| < \delta \Rightarrow |f(x)-f(a)| < \varepsilon$$

이면, 함수 f는 $x=a$에서 연속이라고 정의한다.

예제 다음 함수는 주어진 영역에서 연속임을 보여라.

(1) $h(x) = x^2 \ on \ R$ (2) $\varphi(x) = \dfrac{1}{x} \ on \ A = \{x \in R : x > 0\}$

풀이

(1) 임의의 $a \in R$에 대하여

$$\lim_{x \to a} h(x) = a^2$$

임은 보인바 있다. 그런데

$$h(a) = a^2$$

이므로, $\lim_{x \to a} h(x) = h(a)$가 성립한다. 따라서 h는 R에서 연속이다.

(2) 임의의 양수 $a \in A$에 대하여

$$\lim_{x \to a} \varphi(x) = \frac{1}{a}$$

임을 보인바 있다. 그런데

$$\varphi(a) = \frac{1}{a}$$

이므로, $\lim_{x \to a} \varphi(x) = \varphi(a)$이다. 따라서 φ는 A에서 연속이다. □

정의 (불연속, discontinuity)

만약 다음 세 조건 중

(1) $f(a)$가 존재하지 않는다.

(2) $\lim_{x \to a} f(x)$가 존재하지 않는다.

(3) $\lim_{x \to a} f(x)$가 존재하지만, $f(a)$와 같지 않다.

어느 하나라도 성립하면, 함수 f는 점 a에서 불연속이라고 정의한다.

예제 다음 함수는 주어진 점에서 불연속임을 보여라.

(1) $\varphi(x) = \dfrac{1}{x} \quad on\ \{x \in R : x > 0\}\ (at\ x = 0)$

(2) $f(x) = \begin{cases} 1 & \text{if } x \in Q \\ 0 & \text{if } x \in Q^c \end{cases} \quad (at\ x = 1)$

(3) $g(x) = [x] \quad on\ \ R \qquad (at\ x = 1)$

풀이

(1) 함수 φ는 $x = 0$에서 정의되지 않았으므로, $x = 0$에서 불연속이다.

(2) 함수 f가 $x = 1$에서 연속이 되려면, 임의의 양수 $\varepsilon > 0$에 대하여, 양수 δ가 존재하여야 한다. 그런데 아무리 작은 δ를 잡더라도, 다음 구간

$$(1 - \delta,\ 1 + \delta)$$

에는 무리수가 반드시 존재하므로,

$$1 - \varepsilon = f(a) - \varepsilon < f(x) < f(a) + \varepsilon = 1 + \varepsilon$$

를 만족하지 못하는 점 x가 $(1 - \delta,\ 1 + \delta)$ 내에 분명히 존재하게 된다. 따라서 함수 f는 $x = 1$에서 불연속이다.

(3) $\lim_{x \to 1+} g(x) = 1, \ \lim_{x \to 1-} g(x) = 0$

이므로, $\lim_{x \to 1} g(x)$의 값이 존재하지 않는다. 따라서 함수 g는 $x = 1$에서 불연속이다. □

정리 1.2.2

함수 $f, g : A \to R$에 대하여, 만약 함수 f와 g가 $c \in A$에서 각각 연속이면, 다음이 성립한다.

(1) $f \pm g$는 c에서 연속이다.
(2) $f \cdot g$는 c에서 연속이다.
(3) bf는 c에서 연속이다(b는 실수).

만약 함수 $h : A \to R$가 c에서 연속이고, 또한

$$h(x) \neq 0 \quad \forall x \in A$$

이면, 함수 $\dfrac{f(x)}{h(x)}$는 c에서 연속이다.

예제 다음 함수가 연속임을 보여라.

(1) 유리함수 $r(x) = \dfrac{p(x)}{q(x)} \quad \text{for} \ \ q(x) \neq 0$

(2) $\sin x \quad on \ R$

풀이

(1) 유리함수 $\dfrac{p(x)}{q(x)}$는 $p(x), q(x)$가 각각 다항식(polynomial)인 경우이다. 다항식 $q(x)$는 많아야 유한개의 근 $\alpha_1, \alpha_2, \cdots, \alpha_m$을 가진다. 만약 $x \notin \{\alpha_1, \alpha_2, \cdots, \alpha_m\}$이면, $q(x) \neq 0$이다. 따라서

$$r(x) = \frac{p(x)}{q(x)} \quad \text{for } x \notin \{\alpha_1, \alpha_2, \cdots, \alpha_m\}$$

로 놓으면

$$\lim_{x \to c} r(x) = \lim_{x \to c} \frac{p(x)}{q(x)} = \frac{p(c)}{q(c)} = r(c) \quad \text{for } q(c) \neq 0$$

이므로, r은 c에서 연속이다.

(2) sin 함수에 대한 공식

$$|\sin z| \le |z|$$

$$\sin x - \sin y = -2\cos\left[\frac{1}{2}(x+y)\right]\sin\left[\frac{1}{2}(x-y)\right]$$

을 이용한다. 실수 $c \in R$에 대하여

$$|\sin x - \sin c| = \left|-2\cos\left[\frac{1}{2}(x+y)\right]\sin\left[\frac{1}{2}(x-y)\right]\right|$$

$$\le 2 \cdot \frac{1}{2}|x-c| = |x-c|$$

이므로, sin 함수는 c에서 연속이다. 실수 c는 임의의 수이므로, sin 함수는 실수에서 연속이다. □

(2) 연속인 함수의 합성

두 함수 f, g가 연속인 경우, 두 함수를 합성한 $g \circ f$는 과연 연속인가? 다음 정리를 보자.

정리 1.2.3

함수 $f: A \to R$와 $g: B \to R$는 $f(A) \subset B$를 만족한다. 만약 f는 $a \in A$에서 연속이고 g는 $b = f(a) \in B$에서 연속이면, 합성함수

$$g \circ f : A \to R$$

는 c에서 연속이다.

[증명] 함수 g는 b에서 연속이므로, 임의의 양수 $\varepsilon > 0$에 대하여 양수 δ_1이 존재하여

$$|y-b| < \delta_1 \Rightarrow |g(y)-g(b)| < \varepsilon$$

가 성립한다. 그리고 함수 f는 a에서 연속이므로, 주어진 양수 δ_1에 대하여 양수 δ_2가 존재하여

$$|x-b| < \delta_2 \Rightarrow |f(x)-f(a)| < \delta_1$$

임을 알 수 있다([그림 1.2.2]를 보라). 따라서 만약

$$|x-a| < \delta_2$$

이면, 다음이 성립한다.

$$|g(t(x))-g(f(a))| = |g(y)-g(b)| < \varepsilon$$

이때 양수 $\varepsilon > 0$는 임의의 값이므로, $g \circ f$는 c에서 연속이다. □

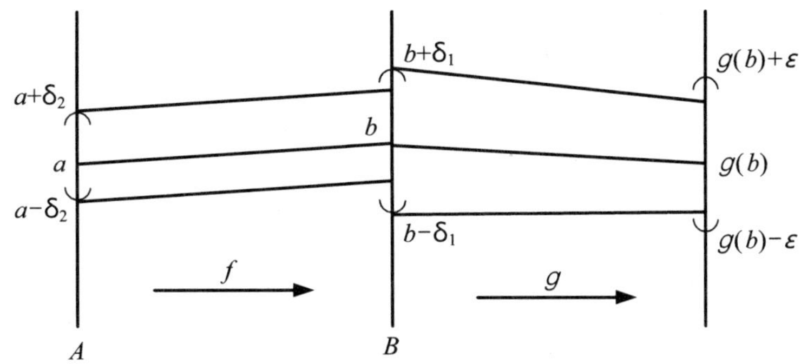

[그림 1.2.2] 함수 f와 g의 합성함수

예제 다음 함수가 연속임을 보여라.

(1) $|f(x)|$ if f는 연속 (2) $\sin\frac{1}{x}$ $\forall x \neq 0$

풀이

(1) 함수 g는

$$g(x) = |x| \quad \text{for} \ x \in R$$

연속이므로, [정리 1.2.3]에 의해 합성함수

$$g \circ f(x) = |f(x)|$$

는 R에서 연속이다.

(2) 두 함수 f와 g는

$$f(x) = \frac{1}{x} \quad \text{for } x \neq 0$$

$$g(y) = \sin y \quad on \ R$$

주어진 영역에서 각각 연속이므로, 두 함수의 합성함수

$$g \circ f(x) = \sin\left(\frac{1}{x}\right) \quad \text{for} \ x \neq 0$$

는 영역 $\{x \neq 0\}$에서 연속이다. □

연습문제 1.2

1. 다음을 만족시킬 $|x-1|$에 관한 조건을 구하라.

(1) $|x^2-1| < \dfrac{1}{10}$ (2) $|x^3-1| < \dfrac{1}{n}$ for $n \in N$

2. 임의의 실수 $c \in R$에 대하여 다음을 보여라.

$$\lim_{x \to c} x^3 = c^3$$

3. 다음 극한값이 존재하는지를 밝혀라.

(1) $\displaystyle\lim_{x\to 0} \frac{1}{x^2}$ $(x > 0)$ (2) $\displaystyle\lim_{x\to 0} x\sin\left(\frac{1}{x^2}\right)$

(3) $\displaystyle\lim_{x\to 0} \frac{1}{\sqrt{x}}$ $(x > 0)$ (4) $\displaystyle\lim_{x\to 0} \cos\left(\frac{1}{x}\right)$

4. 함수 f는

$$f(x) = \begin{cases} 1 & x \in Q \\ 0 & x \in Q^c \end{cases}$$

일 때, 구간 $[0, 1]$에서 연속인가?

5. 함수 $f: R \to R$은 c에서 연속이고, $f(c) > 0$이다. 이때 c의 근방 U가 존재하여 다음이 성립함을 보여라.

$$f(x) > 0 \quad \text{for} \quad x \in U$$

1.3 역삼각함수와 쌍곡선함수

$f(x) = \sin x$는 구간 $\left[-\frac{\pi}{2}, \frac{\pi}{2}\right]$에서 단조증가하므로 1:1 함수이다. 따라서 sin함수는 역함수를 가진다.

정의 (역사인함수, the inverse sine function)

역사인함수

$$x = \sin^{-1} y = \arcsin y \quad \text{for} \quad -1 \le y \le 1$$

는 구간 $I = [-1, 1]$ 내의 임의의 값 y에 $\left[-\frac{\pi}{2}, \frac{\pi}{2}\right]$ 내의 오직 하나의 값 x를 대응하는 함수이다([그림 1.3.1]을 보라).

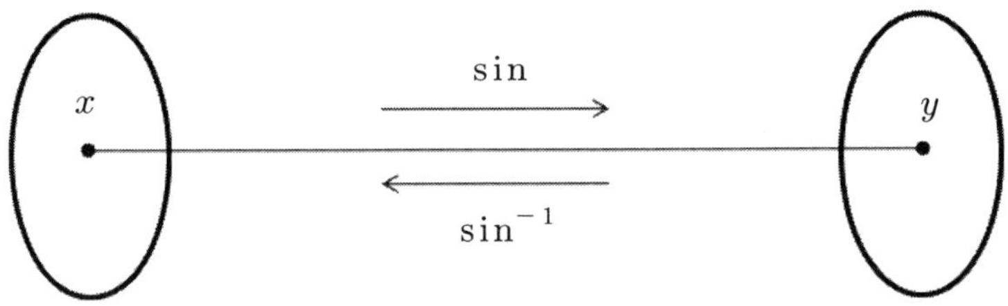

[그림 1.3.1] 사인함수와 역사인함수

예제 다음 y에 대해 $\sin^{-1}y$를 $\left[-\frac{\pi}{2}, \frac{\pi}{2}\right]$ 내에서 계산하라.

(1) $y=0$ (2) $y=\frac{1}{2}$ (3) $y=-1$

풀이

(1) $\sin 0 = 0$이므로, $\sin^{-1}0 = 0$이다.

(2) $\sin\left(\frac{\pi}{6}\right) = \frac{1}{2}$이므로, $\sin^{-1}\left(\frac{1}{2}\right) = \frac{\pi}{6}$이다.

(3) $\sin\left(-\frac{\pi}{2}\right) = -1$이므로, $\sin^{-1}(-1) = -\frac{\pi}{2}$이다. □

만약 $f(x) = \cos x$의 정의역을 구간 $[0, \pi]$로 제한한다면, 임의의 $y \in [-1, 1]$에 대하여

$$\cos x = y$$

을 만족하는 오직 하나의 값 $x \in [0, \pi]$가 존재하게 된다. 즉, cos 함수는 1:1이므로 역함수를 가진다.

정의 (역코사인함수, the inverse cosine function)

역코사인함수

$$x = \cos^{-1}y = \arccos y \quad \text{for} \quad -1 \le y \le 1$$

는 구간 $I = [-1, 1]$ 내의 임의의 값 y에 $[0, \pi]$ 내의 오직 하나의 값 x를 대응시키는 함수이다.

예제 다음 y에 대해 $\cos^{-1}y$를 $[0, \pi]$ 내에서 구하라.

(1) $y=0$ (2) $y=\frac{1}{2}$ (3) $y=-1$

풀이

(1) $\cos\left(\frac{\pi}{2}\right) = 0$이므로, $\cos^{-1}0 = \frac{\pi}{2}$이다.

(2) $\cos\left(\frac{\pi}{3}\right) = \frac{1}{2}$이므로, $\cos^{-1}0 = \frac{\pi}{3}$이다.

(3) $\cos(\pi) = -1$이므로, $\cos^{-1}(-1) = \pi$이다. □

함수 $y = \tan x$는 모든 실수의 값을 가질 수 있으므로, 주어진 y에 대해 하나의 값 x를 얻기 위하여 x를 구간 $\left(-\frac{\pi}{2}, \frac{\pi}{2}\right)$로 제한한다.

정의 (역탄젠트함수, the inverse tangent function)

역탄젠트함수

$$x = \tan^{-1}y = \arctan y \quad \text{for } y \in R$$

는 임의의 실수 y에 $\left(-\frac{\pi}{2}, \frac{\pi}{2}\right)$ 내의 오직 하나의 값 x를 대응시키는 함수이다.

$\sin^{-1}x$, $\cos^{-1}x$, $\tan^{-1}x$의 그래프는 $\sin x$, $\cos x$, $\tan x$의 그림을 각각 직선 $y = x$에 대칭시켜 작성할 수 있고, 그 결과는 [그림 1.3.2]에 있다.

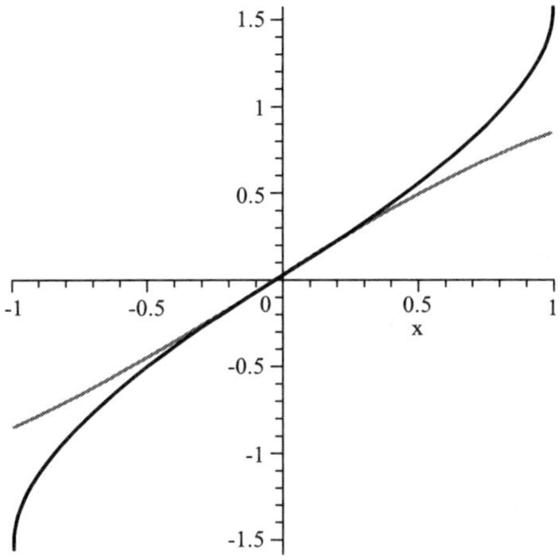

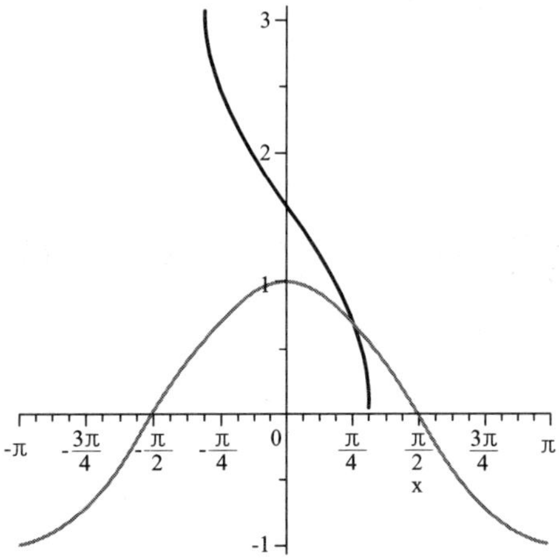

〈Maple 명령문〉

```
f:=sin(x);
g:=arcsin(x);
plot([f,g],x=-1..1);
```

(1) 사인함수와 역사인함수

〈Maple 명령문〉

```
f:=cos(x);
g:=arccos(x)
plot([f,g], x=-Pi..Pi);
```

(2) 코사인함수와 역코사인함수

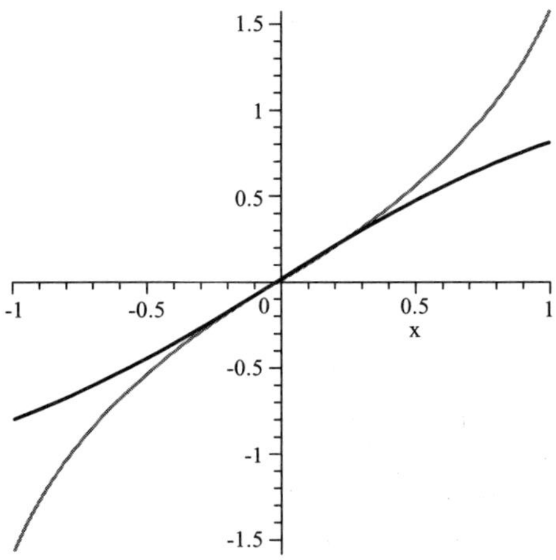

〈Maple 명령문〉

```
h:=tan(x);
k:=arctan(x);
plot([h,k], x=-1..1);
```

(3) 탄젠트함수와 역탄젠트함수

[그림 1.3.2]

(1) 쌍곡선함수

지수함수 e^{x}와 e^{-x}의 조합으로 이루어진 함수에 관하여 알아보자.

정의 (쌍곡코사인함수, 쌍곡사인함수)

쌍곡코사인함수(the hyperbolic cosine function)와 쌍곡사인함수(the hyperbolic sine function)의 정의는 각각 다음과 같다.

$$\cosh x = \frac{e^{x} + e^{-x}}{2} \qquad \text{for } (-\infty,\ \infty)$$

$$\sinh x = \frac{e^{x} - e^{-x}}{2} \qquad \text{for } (-\infty,\ \infty)$$

정의로부터

$$\cosh^{2} x - \sinh^{2} x = 1 \tag{1}$$

임을 알 수 있고, $\cosh x$와 $\sinh x$의 그래프는 아래의 두 함수

$$\frac{e^{x}}{2},\quad \frac{e^{-x}}{2}$$

를 각각 더하거나 빼어 작성할 수 있다([그림 1.3.3]을 보라).

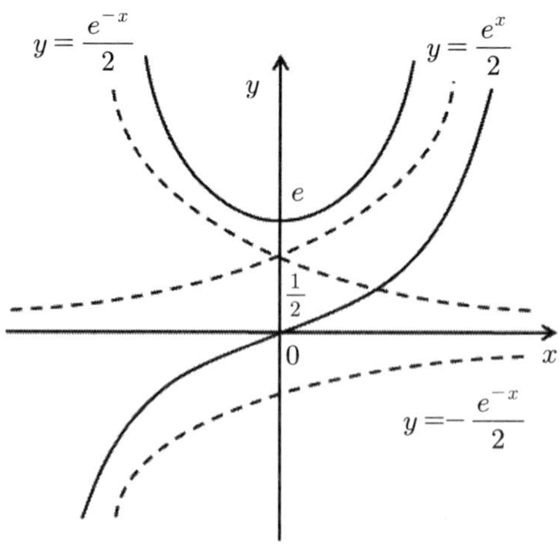

[그림 1.3.3] $\cosh x$와 $\sinh x$의 그래프

쌍곡선(hyperbola)의 방정식([그림 1.3.4])

$$x^2 - y^2 = 1$$

에서, 적당한 θ에 대해

$$x = \cosh\theta$$

$$y = \sinh\theta$$

라 놓으면, 식 (1)에 의해 점 $(x,\ y)$는 쌍곡선상에 위치하게 된다. $\cosh x$, $\sinh x$를 쌍곡선함수라 부르는 이유가 바로 여기에 있다.

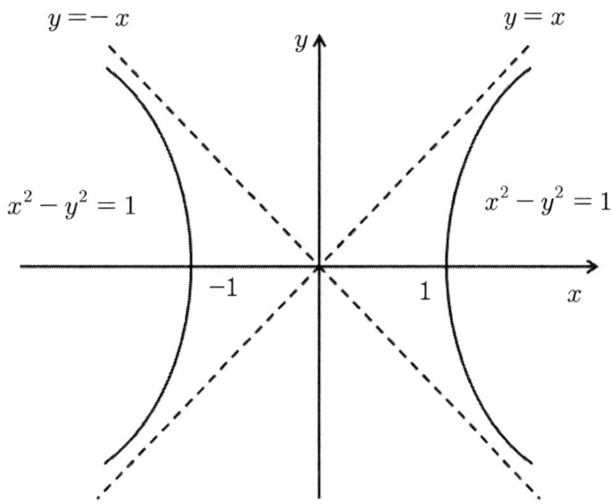

[그림 1.3.4] 쌍곡선 $x^2 - y^2 = 1$의 그래프

정의 (쌍곡탄젠트함수)

쌍곡탄젠트함수(the hyperbolic tangent function)의 정의는

$$\tanh x = \frac{\sinh x}{\cosh x} = \frac{e^x - e^{-x}}{e^x + e^{-x}}$$

이며, 모든 실수값이 정의역이다.

$\tanh x$는 증가함수이며, 그 그래프는 [그림 1.3.5]에 있다.

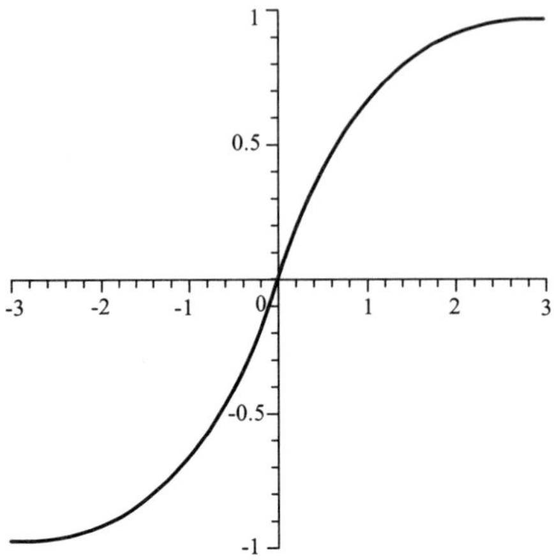

[그림 1.3.5] $\tanh x$의 그래프

〈Maple 명령문〉

$$tanhx := \frac{(\exp(x) - \exp(-x))}{(\exp(x) + \exp(-x))};$$

$$plot(tanhx,\ x = -3\ ..3);$$

연습문제 1.3

1. 다음을 구하라.

(1) $\sin\left(\cos^{-1}\dfrac{3}{5}\right)$ (2) $\tan\left(\sin^{-1}\dfrac{3}{5}\right)$

(3) $\sin\left(\cos^{-1}x\right)$ (4) $\tan\left(\sin^{-1}x\right)$

2. $\cot x = \dfrac{1}{\tan x}$ 로 정의할 때, 다음을 구하라.

(1) $\cot^{-1}0$ (2) $\cot^{-1}(-1)$

(3) $\cot^{-1}(-\sqrt{3})$ (4) $\cot^{-1}\left(\dfrac{1}{\sqrt{3}}\right)$

3. 다음을 보여라.

(1) $(\sinh x + \cosh x)^n = \sinh nx + \cosh nx \quad \text{for } n \in N$

(2) $(\cosh x - \sinh x)^n = \cosh nx - \sinh nx \quad \text{for } n \in N$

4. 두 초점이 $(4,\ 0)$, $(-4,\ 0)$이고, 쌍곡선상의 점 $\begin{pmatrix} x \\ y \end{pmatrix}$와 두 초점 간의 거리 차가 6인 쌍곡선의 방정식이 다음과 같음을 보여라.

$$\frac{x^2}{9} - \frac{y^2}{7} = 1$$

5. $\tanh x = \dfrac{\sinh x}{\cosh x} = \dfrac{e^x - e^{-x}}{e^x + e^{-x}}$ 라 할 때, $\tanh x$의 그래프를 작성하라.

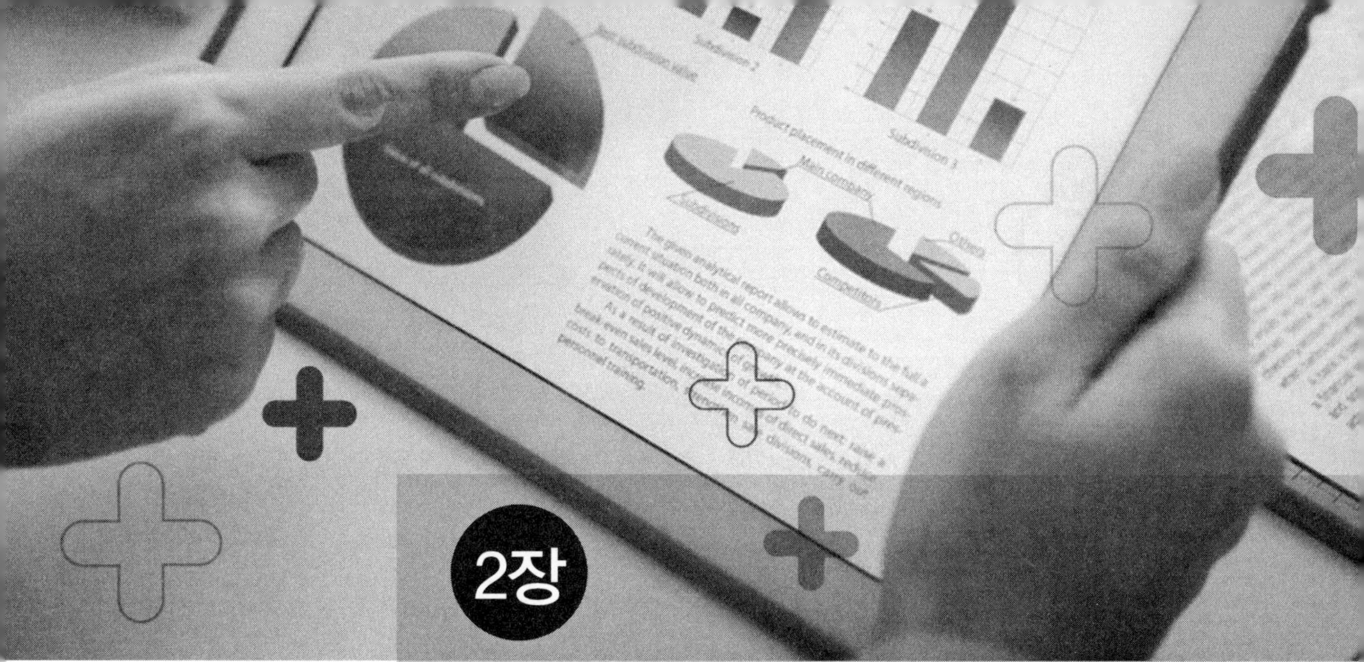

2장

미분

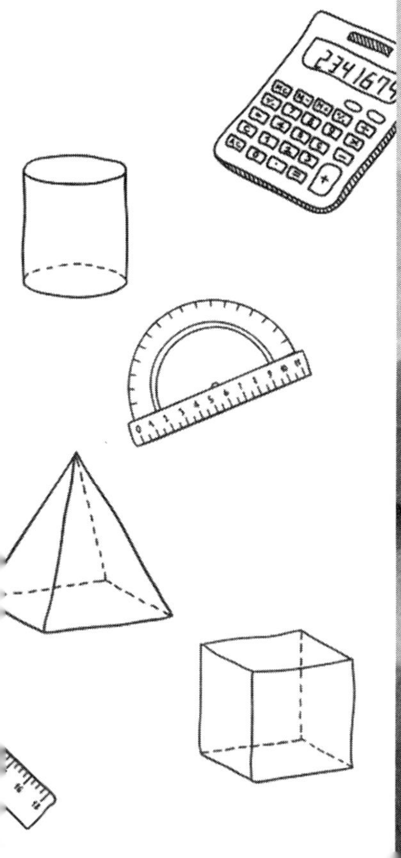

그리스의 과학자 Archimedes(287～212 B.C.) 전부터 수학자들은 다음 두 주제에 관하여 많은 관심을 가졌다고 한다.

(주제 1) 어느 곡선(또는 함수)이 주어졌을 때, 그 곡선상의 어느 한 점에 접하는 접선

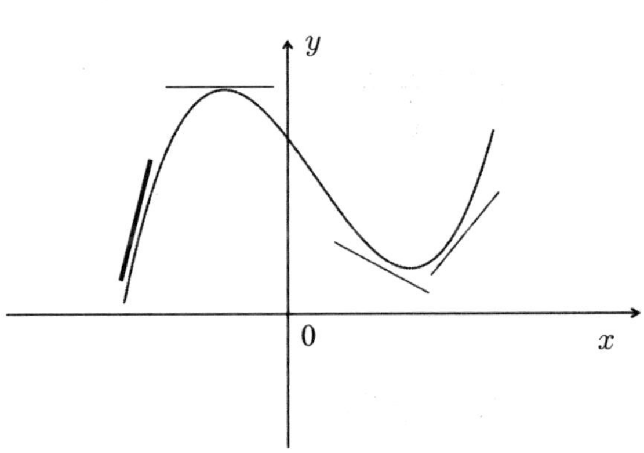

(주제 2) 주어진 곡선과 x축 사이에 둘러싸인 지역의 면적

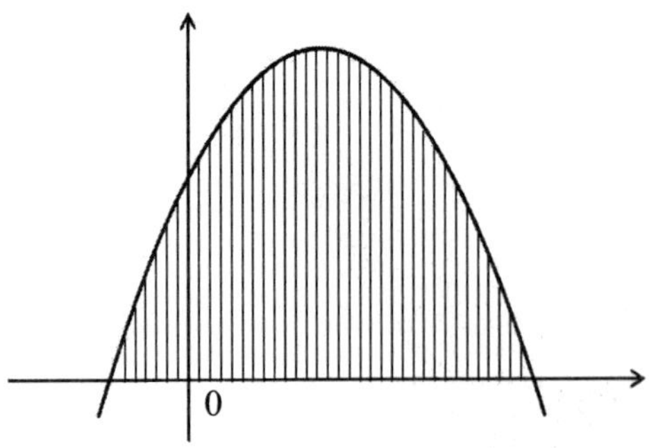

(주제 1)을 해결하기 위하여 미분의 개념이, (주제 2)를 해결하기 위하여 적분의 개념이 필요하지만, 미분과 적분의 개념은 서로 매우 밀접한 관련이 있음을 나중에 확인할 수 있다. 그렇다면 곡선의 접선을 구하는 것이 왜 중요한 관심사인지를 다음 예제를 통하여 보기로 한다.

예제 피사의 사탑 높이는 대략 53.9m라 한다. 공기저항이 없음을 가정하고 쇠구슬을 떨어뜨렸을 때, 쇠구슬이 지면에 떨어지는 순간의 속도는 얼마인가?(단, 중력가속도 $g = 9.8m/\sec^2$)

풀이 공기저항을 무시하고, t초 후 지면으로부터의 높이 $h(t)$는

$$h(t)= 53.9-\frac{1}{2}gt^2 = 53.9-4.9t^2$$

이므로, 쇠구슬이 지상에 떨어지는 순간 소요되는 시간은 다음과 같다.

$$h(t)= 53.9-4.9t^2= 0$$

$$\therefore\ t= \sqrt{11}\text{초}$$

따라서 높이 $h(t)$를 $[0,\ \sqrt{11}]$에서 정의한다.
자, 이제 구간 $[0,\ \sqrt{11}]$ 내의 임의의 값 t에서의 순간속도를 구하여 본다.

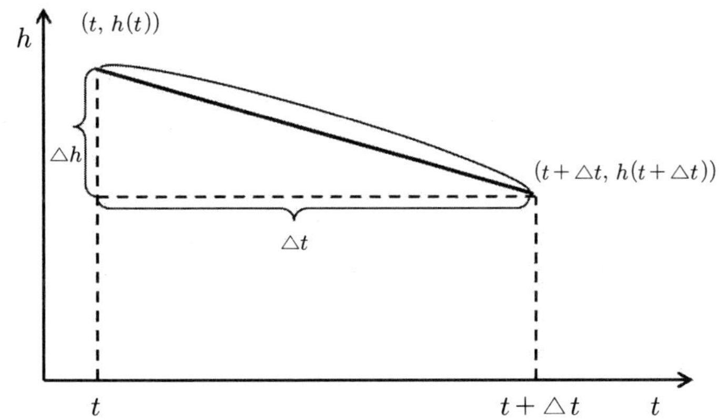

[그림 1]

곡선 $h(t)$의 그래프를 점 t근방에서 확대하여 그려보자([그림 1]).

구간 $[t, t+\triangle t]$에서 쇠구슬의 평균속도의 정의는

$$평균속도 = \frac{낙하거리}{경과된 시간} = \frac{h(t+\triangle t)-h(t)}{\triangle t}$$

이므로

$$평균속도 = \frac{\left[53.9-\frac{1}{2}g(t+\triangle t)^2\right]-\left(53.9-\frac{1}{2}gt^2\right)}{\triangle t}$$

$$= \frac{-\frac{1}{2}g(2t \cdot \triangle t+\triangle t^2)}{\triangle t} = -gt-\frac{1}{2}g\triangle t$$

이다. 이 값은 두 점 $(t, h(t))$와 $(t+\triangle t,\ h(t+\triangle t))$를 연결하는 할선(secant line)의 기울기를 의미한다.

시간 t에서의 순간속도 $v(t)$는, $\triangle t$를 0으로 보낼 때의 평균속도의 극한값이므로

$$v(t) = \lim_{\triangle t \to 0}\frac{\triangle h}{\triangle t} = \lim_{\triangle t \to 0}\frac{h(t+\triangle t)-h(t)}{\triangle t} = -g \cdot t$$

이다. 따라서 지면에 떨어지는 순간의 순간속도는

$$v(t) = -g \cdot t = -g \times \sqrt{11}$$

가 된다. 여기에서 음의 기호는 시간에 따라 높이가 감소함을 의미한다.

$\triangle t$가 점점 작아져 0으로 접근하면, 할선은 점 $(t, h(t))$에서 곡선에 접하는 접선으로 접근함을 알 수 있다([그림 2]). 즉, $\triangle t$를 0으로 보내면, 할선의 기울기는 점 t에서의 접선의 기울기로 수렴한다 할 수 있다. □

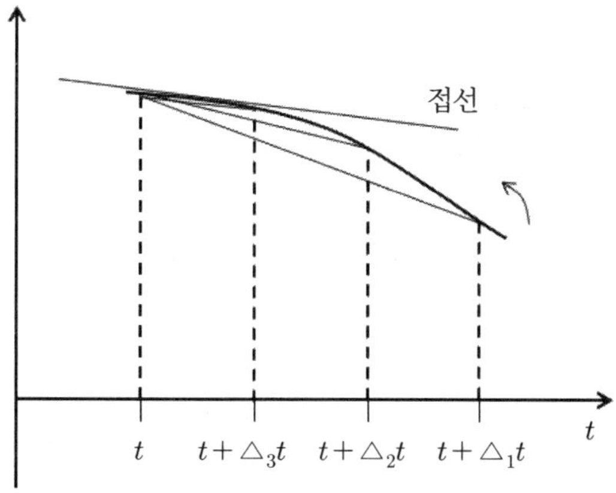

[그림 2]

이 예제를 통해, 어느 곡선에 접하는 접선을 구하는 것은 물체의 속도를 계산하는 것과 밀접한 관련이 있음을 보았다. 어떤 함수의 그래프를 그렸을 때, 그래프상의 한 점에 접하는 접선(만약 존재한다면)의 기울기를 그 점에서의 함수의 미분(derivative)이라고 정의한다.

2.1 미분

함수 $f(x)$가 $I_1 = (a, b)$에서 정의되었다. 임의의 점 $c \in I_1 = (a, b)$에 대하여

$$\lim_{h \to 0} \frac{f(c+h) - f(c)}{h}$$

가 존재하면, 함수 f는 c에서 미분가능하다(differentiable)고 정의하고, $f'(c)$로 표기한다.

정의 **(미분계수)**

함수 $y = f(x)$를 $x = c$에서 미분한 미분계수

$$f'(c) = \lim_{h \to 0} \frac{f(c+h) - f(c)}{h} = \lim_{x \to c} \frac{f(x) - f(c)}{x - c}$$

예제 $f(x) = x^2 \qquad \text{for } x \in R$

이때 임의의 점 $c \in R$에서의 미분계수를 구하라.

풀이

$$f'(c) = \lim_{h \to 0} \frac{f(c+h) - f(c)}{h} = \lim_{h \to 0} \frac{(c+h)^2 - c^2}{h}$$

$$= \lim_{h \to 0} \frac{2ch + h^2}{h} = 2c$$

□

함수 $f(x)$가 어떤 구간 내의 모든 x에 대하여 미분가능할 때, 함수 $f(x)$는 그 구간에서 미분가능하다고 한다. 이때 $f'(x)$를 f의 도함수(derivative)라고 부른다. 위의 예에서 함수 $f(x)$는 c대신 임의의 점 $x \in R$에서 미분가능하므로, f의 도함수 $f'(x)$는

$$f'(x) = 2x$$

이다.

예제 함수 $f(x) = x^n$의 도함수를 구하라($n \in N$).

풀이

$$\begin{aligned} f'(x) &= \lim_{h \to 0} \frac{f(x+h) - f(x)}{h} = \lim_{h \to 0} \frac{(x+h)^n - x^n}{h} \\ &= \lim_{h \to 0} \frac{\left\{ x^n + \binom{n}{1} x^{n-1} \cdot h + \cdots + \binom{n}{n} h^n - x^n \right\}}{h} \\ &= \binom{n}{1} x^{n-1} = n x^{n-1} \end{aligned}$$

□

예제 함수 $f(x) = e^x$의 도함수를 구하라.

풀이

$$f'(x) = \lim_{h \to 0} \frac{e^{x+h} - e^x}{h} = e^x \cdot \lim_{h \to 0} \frac{e^h - 1}{h} = e^x$$

$$\left(\because \lim_{h \to 0} \frac{e^h - 1}{h} = 1\right)$$

□

예제 $\log x$의 도함수를 구하라($x > 0$).

풀이

$$(\log x)' = \lim_{h\to 0}\frac{\log(x+h) - \log x}{h}$$

$$= \lim_{h\to 0}\frac{1}{h}\log\left(1+\frac{h}{x}\right) = \lim_{h\to 0}\frac{1}{x}\cdot\frac{x}{h}\log\left(1+\frac{h}{x}\right)$$

$$= \frac{1}{x}\cdot\lim_{h\to 0}\left\{\log\left(1+\frac{h}{x}\right)^{\frac{x}{h}}\right\} = \frac{1}{x}\cdot\log\left\{\lim_{h\to 0}\left(1+\frac{h}{x}\right)^{\frac{x}{h}}\right\}$$

$$= \frac{1}{x}\cdot\log e = \frac{1}{x}$$

$$\left(\because \lim_{h\to 0}\left(1+\frac{h}{x}\right)^{\frac{x}{h}} = e \text{ 이므로}\right)$$

□

예제 $\sin x$의 도함수를 구하라.

풀이

$$(\sin x)' = \lim_{h\to 0}\frac{\sin(x+h) - \sin x}{h}$$

$$= \lim_{h\to 0}\frac{\sin x\cos h + \cos x\sin h - \sin x}{h} \ (\because \sin\text{의 가법정리})$$

$$= \lim_{h\to 0}\left\{\frac{\sin x(\cos h - 1)}{h} + \cos x\right\} \left(\because \lim_{h\to 0}\frac{\sin h}{h} = 1\text{이므로}\right)$$

그런데 $\lim_{h\to 0}\frac{\cos h - 1}{h} = 0$이므로

$$(\sin x)' = \cos x$$

이다. □

정리 2.1.1

만약 함수 $f: I \to R$가 점 $c \in I$에서 미분가능하면, f는 c에서 연속이다.

[증명]

함수 $f(x)$가 점 c에서 미분가능하여 $f'(c)$가 존재하므로,

$$f'(c) = \lim_{h \to 0} \frac{f(x+h) - f(x)}{h}$$

의 값은 유한확정값을 가진다. 그런데 $\lim_{h \to 0} h = 0$이므로, $\lim_{h \to 0} f(x+h) - f(x) = 0$ 이어야 한다. 즉,

$$\lim_{h \to 0} f(x+h) = f(x)$$

$\therefore$ f는 c에서 연속이다. □

여러 가지 함수의 미분을 구하기 위해, 함수의 합, 차, 곱 등의 미분법에 대하여 알아보자(증명은 R.G. Bartle & D.R. Sherbert(1982)를 참고할 것).

정리 2.1.2

두 함수 $f,\ g: I \to R$가 구간 I 내의 점 c에서 미분가능하면, 다음이 성립한다.

(1) 함수 $\alpha f(x)$는 c에서 미분가능하고,

$$(\alpha f)'(c) = \alpha f'(c)$$

이다.

(2) 함수 $f(x)+g(x)$는 c에서 미분가능하고,

$$(f+g)'(c) = f'(c)+g'(c)$$

이다.

(3) 함수 $f(x) \cdot g(x)$는 c에서 미분가능하고,

$$(f \cdot g)'(c) = f'(c) \cdot g(c) + f(c) \cdot g'(c)$$

이다.

(4) 만약 $g(c) \neq 0$이면, 함수 $\dfrac{f(x)}{g(x)}$는 c에서 미분가능하고,

$$\left(\frac{f}{g}\right)'(c) = \frac{f'(c) \cdot g(c) - f(c) \cdot g'(c)}{\{g(c)\}^2}$$

이다.

【증명】 (4) $h \to 0$ 이면,

$$\frac{\dfrac{f(c+h)}{g(c+h)}-\dfrac{f(c)}{g(c)}}{h}=\frac{f(c+h)\cdot g(c)-f(c)\cdot g(c+h)}{g(c+h)\cdot g(c)\cdot h}$$

$$=\frac{f(c+h)\cdot g(c)-f(c)\cdot g(c)+f(c)\cdot g(c)-f(c)\cdot g(c+h)}{g(c+h)\cdot g(c)\cdot h}$$

$$=\frac{1}{g(c+h)\cdot g(c)}\left[\frac{f(c+h)-f(c)}{h}\cdot g(c)-f(c)\cdot\frac{g(c+h)-g(c)}{h}\right]$$

$$\to\frac{f'(c)\cdot g(c)-f(c)\cdot g'(c)}{\{g(c)\}^2}$$

$$\therefore\left(\frac{f}{g}\right)'(c)=\frac{f'(c)\cdot g(c)-f(c)\cdot g'(c)}{\{g(c)\}^2}$$

□

예제 $h(x)=x(x-1)$의 도함수를 구하라.

풀이

$f(x)=x$, $g(x)=x-1$로 놓으면,

$$h'(x)=f'(x)g(x)+f(x)g'(x)$$

$$=x-1+x=2x-1$$

□

예제 $\tan x$의 도함수를 구하라.

풀이

$$\left(\frac{\sin x}{\cos x}\right)'=\frac{(\sin x)'\cos x-\sin x(\cos x)'}{(\cos x)^2}$$

$$=\frac{(\cos x)^2+(\sin x)^2}{(\cos x)^2}=\frac{1}{(\cos x)^2}$$

$$=(\sec x)^2$$

□

(1) 연쇄법칙

$F(x)=\{f(x)\}^3$이라고 놓고, $F(x)$의 도함수를 구하여 보라. [정리 2.2]의 (3)을 이용하면 다음과 같다.

$$F'(x)=f'(x)\cdot\{f(x)\}^2+f(x)\cdot f'(x)\cdot f(x)+\{f(x)\}^2\cdot f'(x)$$
$$=3\{f(x)\}^2 f'(x)$$

위의 사실을 일반화한, 합성함수의 미분을 위한 연쇄법칙(chain rule)에 관한 다음 정리를 보자.

정리 2.1.3 **(합성함수의 미분)**

$I, J=$ 구간, $c\in I$, $f(I)\subset J$일 때
두 함수 $g: J\to R$과 $f: I\to R$의 합성함수 $g\circ f: I\to R$을 정의하였다. 만약 f는 c에서 미분가능하고, g는 $f(c)$에서 미분가능하다면, 합성함수 $g\circ f$는 c에서 미분가능하고

$$(g\circ f)'(c)=g'(f(c))\cdot f'(c)$$

이다.

[증명] 함수 g_1을 다음과 같이 정의한다.

$$g_1(y)=\begin{cases}\dfrac{g(y)-g(d)}{y-d} & y\neq d \text{ 일 때}\\ g'(d) & y=d \text{ 일 때}\end{cases}$$

함수 g_1의 정의에서

$$g(y)-g(d)=g_1(y)(y-d)$$
$$=g_1(f(x))(f(x)-f(c))\ (\because y=f(x))$$

만약 $x \neq c$이면,

$$\frac{g(f(x))-g(f(c))}{x-c}=g_1(f(x)) \cdot \frac{f(x)-f(c)}{x-c}$$

이다. 그런데

$$\lim_{x\to c} g_1(f(x))=\lim_{\substack{x\to c\\ y\to d}} g_1(y)=g'(d)=g'(f(c))$$

이므로

$$\lim_{x\to c}\frac{g(f(x))-g(f(c))}{x-c}=g'(f(c)) \cdot f'(c)$$

이다. □

예제 $h(x)=2(x^2+1)^5$의 도함수를 구하라.

풀이

$$f(x)=x^2+1$$

$$g(y)=2y^5$$

이라 놓으면

$$h(x)=(g \circ f)(x)$$

이다.

$$\begin{aligned}\therefore\ h'(x)&=(g \circ f)'(x)\\ &=10(x^2+1)^4(2x)=20x(x^2+1)^4\end{aligned}$$

□

예제 $e^{\cos x}$의 도함수를 구하라.

풀이

$$f(x) = \cos x$$

$$g(y) = e^{y}$$

라 하면,

$$\{g(f(x))\}' = e^{\cos x}(\cos x)' = -\sin x \cdot e^{\cos x} \qquad \square$$

예제 $\log(\cos 2x)$의 도함수를 구하라.

풀이

$$f(x) = \cos 2x$$

$$g(y) = \log y$$

라 하면,

$$(g \circ f(x))' = \frac{1}{y}(-2\sin 2x) = -2\frac{\sin 2x}{\cos 2x} = -2\tan 2x \qquad \square$$

(2) 역함수의 미분

단조함수 f가 임의의 점 c에서 미분가능하고 $f'(c)$를 알 때, f의 역함수 g(역함수 g의 형태를 알 수 없더라도)의 미분계수는 다음과 같다.

정리 2.1.4 (역함수의 미분)

I, J=구간, $c \in I$일 때

$f: I \to R$ 는 단조함수이며 연속이고,

$g: J \to R$ 는 단조함수이며 연속이고, 함수 f의 역함수이다. 만약 $f'(c) \neq 0$이면, 함수 g는 점 $d = f(c)$에서 미분가능하고

$$g'(d) = \frac{1}{f'(c)}$$

이다.

[증명]

$$g'(d) = \lim_{y \to d} \frac{g(y) - g(d)}{y - d}$$

$$= \lim_{\substack{y \to d \\ f(x) \to f(c)}} \frac{1}{\dfrac{y - d}{g(y) - g(d)}} \quad (\because g: \text{단조함수이므로, } g(y) - y(d) \neq 0)$$

$$= \lim_{\substack{y \to d \\ gf(x) \to gf(c)}} \frac{1}{\dfrac{y - d}{g(f(x)) - g(f(c))}} \quad (\because g: \text{연속})$$

$$= \lim_{\substack{y \to d \\ x \to c}} \frac{1}{\dfrac{f(x) - f(c)}{x - c}} = \frac{1}{f'(c)}$$

□

예제 $f(x) = \sin x$, $\left[-\frac{\pi}{2}, \frac{\pi}{2}\right]$

일 때, $\sin x$의 역함수의 미분계수를 구하라.

풀이

$f(x) = \sin x$는 구간 $\left[-\frac{\pi}{2}, \frac{\pi}{2}\right]$에서 단조증가한다. 따라서 역함수 g가 존재한다.

g를 미분하면

$$g'(y) = \frac{1}{f'(x)} = \frac{1}{\cos x} \quad \text{for } -\frac{\pi}{2} < x < \frac{\pi}{2}$$

$$= \frac{1}{\sqrt{1-\sin^2 x}} = \frac{1}{\sqrt{1-y^2}} \quad \text{for } -1 < y < 1$$

이다. □

예제 $f(x) = x^3 - 3x + 1, \ [1, \infty]$

일 때, $f(x)$의 역함수 g의 미분계수 $g'(3)$을 구하라.

풀이

$$f'(x) = 3x^2 - 3$$

이므로, 함수 f는 구간 $[1, \infty]$에서 단조증가한다. 따라서 f의 역함수 g가 존재한다. 이때 g를 미분하면

$$g'(y) = \frac{1}{f'(x)} = \frac{1}{3x^2 - 3}$$

이고, $f(2) = 3$이므로

$$g'(3) = \frac{1}{f'(2)} = \frac{1}{9}$$

이다. □

연습문제 2.1

1. 미분의 정의를 이용하여, 다음을 보여라.

(1) $\left(\dfrac{1}{x}\right)' = -\dfrac{1}{x^2}$ for $x \neq 0$

(2) $(\sqrt{x})' = \dfrac{1}{2\sqrt{x}}$ for $x > 0$

(3) $(\cos x)' = -\sin x$

(4) $(a^x)' = a^x \log a$ for $a > 0$

2. 본문 [정리 2.1.2]의 (1), (2), (3)을 증명하라.

3. 다음을 미분하라.

(1) $f(x) = \dfrac{x}{1+x^2}$

(2) $g(x) = \sqrt{4-x+x^2}$

(3) $h(x) = (\cos x^2)^m$ for $m \in N$

(4) $k(x) = \tan(x^2)$ for $|x| < \dfrac{\pi}{2}$

4. 다음 함수들이 미분가능한지를 조사하고, 미계수를 구하라.

(1) $|x| + |x-1|$

(2) $2x + |x|$

(3) $x^2|x|$

(4) $|\cos x|$

5. 함수 $h(x) = x^5 + x^3 + x$ for $x \in R$에 대하여

(1) $h(x)$의 역함수가 존재함을 보여라.

(2) $x = 0,\ 1,\ -1$에 대응하는 y에서의 $\{h^{-1}(y)\}'$를 구하라.

2.2 평균값정리

평균값정리(mean value theorem)란 함수의 값과 그 함수의 미분계수와의 관계를 나타내며, 해석학 분야에서 매우 중요한 정리 중의 하나이다.

먼저 함수의 극대와 극소에 관하여 알아보자. 만약 $x=c$의 근방 U가 존재하여

$$f(x) \le f(c) \quad {}^{\forall} x \in U \cap I$$

이면, 함수 $f: I \to R$는 점 c에서 극대이며, 함수값 $f(x)$를 극대값(relative maximum)이라고 정의한다. 마찬가지로 만약 $x=c$의 근방 U가 존재하여

$$f(x) \ge f(c) \quad {}^{\forall} x \in U \cap I$$

이면, 함수 $f: I \to R$는 점 c에서 극소이며, 함수값 $f(x)$를 극소값(relative minimum)이라 정의한다. 극대값과 극소값을 통틀어 극값(relative extremum)이라 부른다.

함수 f가 어느 점에서 극값을 가지는지를 다음 정리에서 알아보자.

정리 2.2.1

$I=$ 구간, c는 구간 I의 내부점

$f: I \to R$은 점 c에서 극값을 가지고 만약 점 c에서 미분계수가 존재한다면,

$$f'(c) = 0$$

이다.

[증명] f가 점 c에서 미분가능하고 극대라고 가정하자. 이때 충분히 작은 h에

대하여

$$h > 0 \text{이면} \qquad \frac{f(c+h)-f(c)}{h} \leq 0$$

$$h < 0 \text{이면} \qquad \frac{f(c+h)-f(c)}{h} \geq 0$$

이다. 그런데 f는 c에서 미분가능하므로

$$f'(c) = \lim_{h \to 0} \frac{f(c+h)-f(c)}{h} = 0$$

이다. □

일반적으로 위의 역은 성립하지 않는다. 즉 미분가능한 함수 $f(x)$에 대하여 $f'(c)=0$라고 해도, 함수 $f(x)$가 c에서 반드시 극값을 갖는 것은 아니다.

예제 함수 $f(x)=x^3$은 $x=0$에서 극값을 가지는가?

풀이 함수 $f(x)$를 미분하여, 0으로 놓으면

$$f'(x) = 3x^2 = 0$$

이다. 따라서 해는 $x=0$이지만 함수 f는 0에서 극값을 갖지 않는다. □

정리 2.2.2 (Rolle의 정리)

함수 f가 $I=[a, b]$에서 연속이고, $I_1=(a, b)$에서 미분가능하다. 만약

$f(a)=f(b)=0$이면

$f'(c)=0$

이 되는 c가 I_1 내에 존재한다.

[증명]

(1) f가 상수함수일 때

$$f'(c)=0 \qquad {}^{\forall}c \in I_1$$

(2) f가 상수함수가 아닐 때

f는 어떤 값 $c \in I_1=(a,\ b)$에서 최대값(또는 최소값)을 가진다.

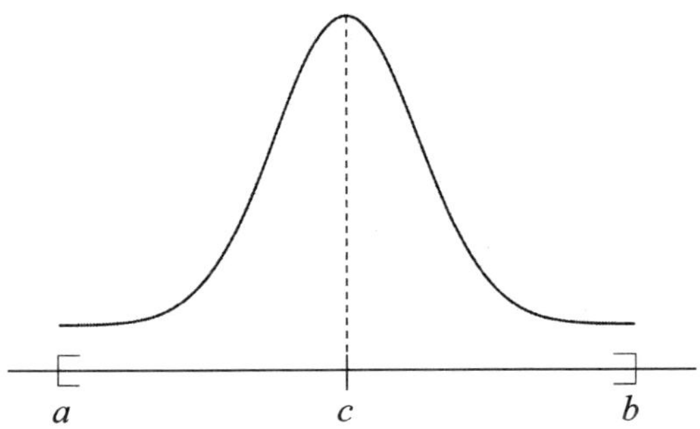

$$f(c) \geq f(x) \qquad {}^{\forall}x \in I_1=(a,\ b)$$

위의 그림을 참조하여 다음을 알 수 있다.

$$f'(c+)=\lim_{h \to 0+} \frac{f(c+h)-f(c)}{h} \leq 0$$

$$f'(c-)=\lim_{h \to 0-} \frac{f(c+h)-f(c)}{h} \geq 0$$

그런데 함수 f는 c에서 미분가능하므로

$$f'(c)=0$$

이다. □

정리 2.2.3 (평균값정리)

함수 f가 $I=[a, b]$에서 연속이고 $I_1=(a, b)$에서 미분가능하면

$$\frac{f(b)-f(a)}{b-a}=f'(c)$$

을 만족하는 $c \in I_1$가 존재한다.

[증명]

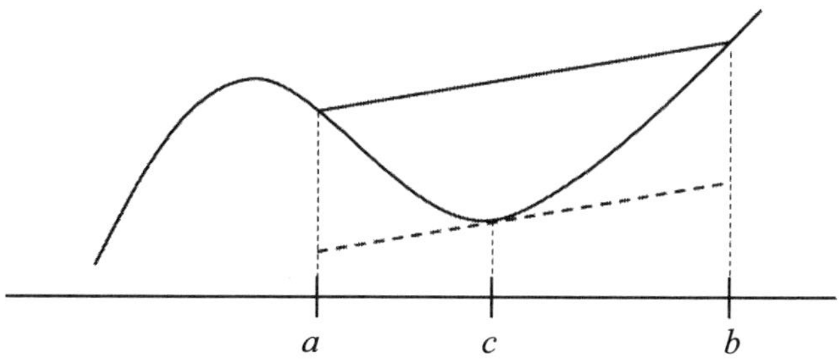

구간 I에서 함수 ϕ를

$$\phi(x)=f(x)-\left\{f(a)+\frac{f(b)-f(a)}{b-a}(x-a)\right\}$$

라 하면, ϕ는 I에서 연속이고 I_1에서 미분가능하다. 더 나아가 ϕ는

$$\phi(a)=\phi(b)=0$$

이므로, Rolle의 정리에 의해

$$0=\phi'(c)=f'(c)-\frac{f(b)-f(a)}{b-a}$$

을 만족하는 점 $c \in I_1=(a, b)$가 존재한다. □

평균값정리는 기하학적으로 함수 $f(x)$상의 두 점 $(a, f(a))$, $(b, f(b))$를 잇는 직선의 기울기는 $f(x)$상의 어떤 점에서의 접선의 기울기와 동일하다는 의미를 가진다.

예제 평균값정리를 이용하여 다음 부등식이 성립함을 보여라.

$$e^x \geq 1+x \quad \text{for} \quad x>0$$

풀이 함수 $f(x)=e^x$에 평균값정리를 적용하면

$$\frac{f(x)-f(0)}{x-0}=f'(c) \quad on\ I=[0,\ x]$$

을 만족하는 $c \in I_1=(0,\ x)$가 존재한다. 그런데 $e^c \geq 1$이므로

$$\frac{e^x-1}{x}=e^c \geq 1$$

이다. □

예제 $-x \leq \sin x \leq x \quad \text{for} \ x \geq 0$임을 보여라.

풀이

함수 $g(x)=\sin x$에 평균값정리를 적용하면

$$\sin x-\sin 0=\cos c(x-0)$$

를 만족하는 $c \in (0,\ x)$가 존재한다. 그런데 $-1 \leq \cos c \leq 1$이므로

$$-x \leq \sin x \leq x$$

이다. □

정리 2.2.4 (Cauchy 평균값정리)

함수 f, g가 $I = [a, b]$에서 연속이고 $I_1 = (a, b)$에서 미분가능하다. 또한

$$g'(x) \neq 0 \quad {}^{\forall}x \in I_1 \text{이라면}$$

$$\frac{f(b)-f(a)}{g(b)-g(a)} = \frac{f'(c)}{g'(c)}$$

을 만족하는 $c \in I_1$가 존재한다.

[증명] 구간 I에서 함수 h를

$$h(x) = f(x) - \left\{ f(a) + \frac{f(b)-f(a)}{g(b)-g(a)}(g(x)-g(a)) \right\}$$

라 하면, h는 I에서 연속이고 I_1에서 미분가능하다. 더 나아가 h는

$$h(a) = h(b) = 0$$

이므로, Rolle의 정리에 의해

$$0 = h'(c) = f'(c) - \frac{f(b)-f(a)}{g(b)-g(a)} \cdot g'(c)$$

를 만족하는 점 $c \in I_1 = (a, b)$가 존재한다. □

Cauchy 평균값정리에서 $g(x) = x$로 놓으면, 그냥 평균값정리임을 알 수 있다.

(1) 부정형

앞 장에서 극한값을 구하는 방법에 대하여 다루었다. 만약 $\lim_{x \to c} f(x) = a$이고 $\lim_{x \to c} g(x) = b$일 때

$$\lim_{x \to c} \frac{f(x)}{g(x)}$$

의 값을 구하여 보자.

(i) $b \neq 0$일 때, $\lim_{x \to c} \frac{f(x)}{g(x)} = \frac{a}{b}$이다.

(ii) $b = 0$이고, $a \neq 0$일 때, $\lim_{x \to c} \frac{f(x)}{g(x)} = \infty$이다.

(iii) $b = 0$이고 $a = 0$인 경우, $\lim_{x \to c} \frac{f(x)}{g(x)}$를 부정형(indeterminate)이라고 부른다.

이때 극한값은 함수 f, g의 형태에 따라 존재할 때도 있고 그렇지 않을 때도 있다. $0/0$로 표기하기도 한다.

예제 $f(x) = \alpha x$, $g(x) = x$일 때 $\lim_{x \to 0} \frac{f(x)}{g(x)}$를 구하라.

풀이

$$\lim_{x \to 0} \frac{f(x)}{g(x)} = \lim_{x \to 0} \frac{\alpha x}{x} = \alpha \qquad \square$$

또 다른 부정형으로

$$\infty/\infty, \quad 0 \cdot \infty, \quad 0^0, \quad 1^\infty, \quad \infty^0, \quad \infty - \infty$$

등의 형태가 있지만, 대부분 $0/0$과 ∞/∞의 형태로 바꿀 수 있으므로 두 형태의 극한에 대하여 다루기로 한다.

정리 2.2.5 (0/0에 대한 L'Hospital의 법칙)

함수 f, g는 $x=a$의 근방 U에서 정의되고,

$$f(a)=g(a)=0,\ \ g(x)\neq 0 \quad \text{for} \quad x\neq a$$

이다. 만약 함수 f, g는 a에서 미분가능하고 $g'(a)\neq 0$이라면

$$\lim_{x\to a}\frac{f(x)}{g(x)}$$

의 값이 존재하고

$$\lim_{x\to a}\frac{f(x)}{g(x)}=\frac{f'(a)}{g'(a)}$$

가 성립한다.

[증명] $g(x)\neq 0$ for $x\neq a$, $f(a)=g(a)=0$이므로, a의 근방 U에서

$$\frac{f(x)}{g(x)}=\frac{f(x)-f(a)}{g(x)-g(a)}=\frac{\dfrac{f(x)-f(a)}{x-a}}{\dfrac{g(x)-g(a)}{x-a}}$$

이고, 극한값 limit를 취하면

$$\lim_{x\to a}\frac{f(x)}{g(x)}=\frac{\displaystyle\lim_{x\to a}\frac{f(x)-f(a)}{x-a}}{\displaystyle\lim_{x\to a}\frac{g(x)-g(a)}{x-a}}=\frac{f'(a)}{g'(a)}$$

를 얻는다. □

예제 $\displaystyle\lim_{x\to 0}\frac{x^2+x}{\sin 2x}$의 값을 구하라.

풀이 $f(x)=x^2+x$, $g(x)=\sin 2x$라고 하면,

$$f(0) = g(0) = 0$$

이다. 0에서의 미분계수는

$$f'(0) = 1,\ \ g'(0) = 2$$

이므로

$$\lim_{x \to 0} \frac{x^2 + x}{\sin 2x} = \frac{f'(0)}{g'(0)} = \frac{1}{2}$$

임을 알 수 있다. □

정리 2.2.6 (0/0에 대한 L'Hospital의 법칙)

함수 f, g는 $x = a$의 근방 U에서 연속이고, 미분가능하다. 또한

$$f(a) = g(a) = 0 \text{이고 } g(x) \neq 0, \quad g'(x) \neq 0 \ \text{ for } \ x \neq a$$

이다. 이때 만약

$$\lim_{x \to a} \frac{f'(x)}{g'(x)} = L$$

이라면,

$$\lim_{x \to a} \frac{f(x)}{g(x)} = L$$

이 성립한다.

[증명] $g(x) \neq 0$ for $x \neq a$, $f(a) = g(a) = 0$이므로, a의 근방 U에서

$$\frac{f(x)}{g(x)} = \frac{f(x) - f(a)}{g(x) - g(a)}$$

이고, Cauchy 평균값정리에 의해

$$\frac{f(x)}{g(x)} = \frac{f(x)-f(a)}{g(x)-g(a)} = \frac{f'(c)}{g'(c)}$$

를 만족하는 c가 a와 x 사이에 존재한다. 그런데 $x \to a$이면, $c \to a$이므로

$$\lim_{x \to a} \frac{f(x)}{g(x)} = \lim_{c \to a} \frac{f'(c)}{g'(c)} = \lim_{x \to a} \frac{f'(x)}{g'(x)} = L$$

이 성립한다. □

위의 정리는 $x = a$ 대신 $x = \infty$ 또는 $x = -\infty$인 경우도 성립한다.

예제 다음의 값을 구하라.

(1) $\lim_{x \to 0} \frac{1-\cos x}{x^2}$ (2) $\lim_{x \to 0} \frac{e^x - 1}{x}$

(3) $\lim_{x \to 1} \frac{\log x}{x-1}$ (4) $\lim_{x \to \infty} \frac{e^x}{x^2}$

풀이

(1) $\lim_{x \to 0} \frac{1-\cos x}{x^2} = \lim_{x \to 0} \frac{\sin x}{2x} = \frac{1}{2}$

(2) $\lim_{x \to 0} \frac{e^x - 1}{x} = \lim_{x \to 0} \frac{e^x}{1} = 1$

(3) $\lim_{x \to 1} \frac{\log x}{x-1} = \lim_{x \to 1} \frac{\frac{1}{x}}{1} = 1$

(4) $\lim_{x \to \infty} \frac{e^x}{x^2} = \lim_{x \to \infty} \frac{e^x}{2x} = \lim_{x \to \infty} \frac{e^x}{2} = \infty$

□

$$\infty - \infty, \ 0 \cdot \infty, \ 1^{\infty}, \ 0^0, \ \infty^0$$

등의 부정형도 로그나 지수 형태로 바꾸어 극한값을 구할 수 있다.

예제 다음을 구하라.

(1) $\lim_{x\to0+}\left(\frac{1}{x}-\frac{1}{\sin x}\right)$ (2) $\lim_{x\to0+} x\log x$

(3) $\lim_{n\to\infty}\left(1+\frac{1}{n}\right)^n$ (4) $\lim_{n\to0+}\left(1+\frac{1}{n}\right)^n$

풀이

(1) $$\lim_{x\to0+}\left(\frac{1}{x}-\frac{1}{\sin x}\right)=\lim_{x\to0+}\frac{\sin x-x}{x\sin x}=\lim_{x\to0+}\frac{\cos x-1}{\sin x+x\cos x}$$

$$=\lim_{x\to0+}\frac{-\sin x}{2\cos x-x\sin x}=\frac{0}{2}=0$$

(2) $$\lim_{x\to0+}x\log x=\lim_{x\to0+}\frac{\log x}{\frac{1}{x}}=\lim_{x\to0+}\frac{\frac{1}{x}}{-\frac{1}{x^2}}=\lim_{x\to0+}(-x)=0$$

(3) $\left(1+\frac{1}{n}\right)^n=e^{n\log\left(1+\frac{1}{n}\right)}$ 이다. 그런데

$$\lim_{n\to\infty}n\log\left(1+\frac{1}{n}\right)=\lim_{n\to\infty}\frac{\log\left(1+\frac{1}{n}\right)}{\frac{1}{n}}=\lim_{n\to\infty}\frac{\frac{1}{\left(1+\frac{1}{n}\right)}\left(-\frac{1}{n^2}\right)}{-\frac{1}{n^2}}$$

$$=\lim_{n\to\infty}\frac{1}{1+\frac{1}{n}}=1$$

이고, 함수 e^y 는 $y=1$에서 연속이므로

$$\lim_{n\to\infty}\left(1+\frac{1}{n}\right)^n=\lim_{n\to\infty}e^{n\log\left(1+\frac{1}{n}\right)}=e^{\lim_{n\to\infty}n\log\left(1+\frac{1}{n}\right)}=e$$

이다.

(4) $$\lim_{n\to0+}n\log\left(1+\frac{1}{n}\right)=\lim_{n\to0+}\frac{\log\left(1+\frac{1}{n}\right)}{\frac{1}{n}}=\lim_{n\to0+}\frac{1}{1+\frac{1}{n}}=0$$

이므로, $\lim_{n\to0+}\left(1+\frac{1}{n}\right)^n=1$이다. □

연습문제 2.2

1. 다음 함수와 주어진 값에 대하여, 평균값정리를 만족하는 점 c를 찾아라.

(1) $f(x) = x^3$; $a = 1,\ b = 2$　　　(2) $g(x) = x^3 - x$; $a = -1,\ b = 1$

(3) $h(x) = \sin 2x$; $a = 0,\ b = \frac{\pi}{3}$　　　(4) $k(x) = \sqrt[3]{x}$; $a = -8,\ b = -1$

2. 평균값정리를 이용하여, 다음을 보여라.

$$|\cos x - \cos y| \le |x - y| \quad \text{for} \quad all \quad x,\ y \in R$$

3. $f(x) = x^3 - 3x^2 + 2$에 대하여

(1) $f(0) = f(1) = 2$임을 보여라.

(2) $f'(c) = 0$을 만족하는 $c \in (0,\ 3)$을 구하라.

4. 만약 함수 f가 미분가능하고, 도함수 f'가 일차함수라면, 이때 평균값정리를 이용하여 f가 이차함수임을 보여라.

5. 다음을 구하라.

(1) $\displaystyle\lim_{x \to 0+} \frac{\log(x+1)}{\sin x}$　　　(2) $\displaystyle\lim_{x \to 0+} x \log x$

(3) $\displaystyle\lim_{x \to 0+} \frac{\arctan x}{x}$　　　(4) $\displaystyle\lim_{x \to \infty} x^{\frac{1}{x}}$

6. 다음을 구하라.

(1) $\lim_{x \to 0+} \frac{\ln(\sin x)}{\ln(\tan x)}$　　(2) $\lim_{x \to 0+} (\sin x)^x$

(3) $\lim_{x \to \infty} \left(1 + \frac{1}{2x}\right)^{x^2}$　　(4) $\lim_{x \to \infty} \left(\cos \frac{1}{x}\right)^x$

7. 다음을 구하라.

$$\lim_{x \to \infty} \left[1 + \left(\frac{1}{ax}\right)\right]^{x^a} \qquad x > a$$

(hint : $a < 1$, $a = 1$, $a > 1$로 나누어서 구한다.)

2.3 Taylor 정리

주변에 있는 함수 중 다루기 어려운 함수들도 있다. 연속인 함수이지만 복잡한 형태를 취하거나, 단순한 형태라도 적분가능하지 않을 수 있다.

이런 이유로, 수학자들은 다루기 쉬운 함수로 다루기 어려운 함수를 대신하려고 시도하였다. 다루기 쉬운 함수들 중 가장 간편한 것이 다항식일 것이다. 몇 번이나 미분이나 적분을 할 수 있기 때문이다.

이 절에서는 연속이고 미분가능한 함수를 다항식으로 근사하는 Taylor 정리에 대하여 공부한다. Taylor 정리는 평균값정리의 확장이라 할 수 있다. 평균값정리는 함수 $f(x)$와 그 미분계수와의 관계를 나타내고, Taylor 정리는 함수 $f(x)$와 높은 차수의 미분계수와의 관계를 나타내기 때문이다.

정리 2.3.1 **(일차근사의 정확도)**

함수 f는 $I=[a,\ b]$에서 정의되고, f''는 $I_1=(a,\ b)$에서 존재한다. 그렇다면 $^\forall x \in I_1$ 에 대하여, 다음을 만족하는 $\xi \in (a,\ x)$가 존재한다.

$$f(x)=f(a)+f'(a)(x-a)+\frac{f''(\xi)}{2!}(x-a)^2$$

[증명] $^\forall x \in I_1=(a,\ b)$ 에 대하여

$$F(x)=f(x)-\{f(a)+f'(a)(x-a)\}$$

$$G(x)=\frac{(x-a)^2}{2!}$$

이라 놓으면, $F(a)=G(a)=0$이 된다. 함수 F, G는 I_1에서 미분가능하므로 Cauchy 평균값정리에 의해

$$\frac{F(x)}{G(x)}=\frac{F(x)-F(a)}{G(x)-G(a)}=\frac{F'(c)}{G'(c)}=\frac{f'(c)-f'(a)}{c-a}$$

를 만족하는 $c\in(a,\ x)$가 존재한다. 그런데 f''가 존재하므로 평균값정리에 의해

$$\frac{f'(c)-f'(a)}{c-a}=f''(\xi)$$

를 만족하는 $\xi\in(a,\ c)$가 존재한다. 따라서

$$\frac{F(x)}{G(x)}=\frac{f(x)-\{f(a)+f'(a)(x-a)\}}{\dfrac{(x-a)^2}{2!}}=f''(\xi)$$

가 성립한다. □

위의 정리에서 함수 $f(x)$의 일차근사를 다루었는데, 2차근사로 확장하여 보자.

정리 2.3.2 **(이차근사의 정확도)**

만약 함수 f는 $I=[a,\ b]$에서 정의되고, f'''는 $I_1=(a,\ b)$에서 존재한다면, 이때 $^\forall x\in I_1$에서 다음을 만족하는 $\xi\in(a,\ x)$가 존재한다.

$$f(x)=f(a)+f'(a)(x-a)+\frac{f''(a)}{2!}(x-a)^2+\frac{f'''(\xi)}{3!}(x-a)^3$$

[증명] $^\forall x\in I_1=(a,\ b)$에서

$$F(x)=f(x)-\left\{f(a)+f'(a)(x-a)+\frac{f''(a)}{2!}(x-a)^2\right\}$$

$$G(x)=\frac{(x-a)^3}{3!}$$

이라 놓으면, $F(a)=G(a)=0$이 된다.

함수 F, G는 I_1에서 미분가능하므로 Cauchy 평균값정리에 의해

$$\frac{F(x)}{G(x)} = \frac{F(x)-F(a)}{G(x)-G(a)} = \frac{F'(c)}{G'(c)} = \frac{f'(c)-\{f'(a)+f''(a)(c-a)^2\}}{\frac{(c-a)^2}{2!}}$$

를 만족하는 $c \in (a,\ x)$가 존재한다. 그런데 f'''가 존재하므로 [정리 2.3.1]에 의해

$$\frac{f'(c)-\{f'(a)+f''(a)(c-a)\}}{\frac{(c-a)^2}{2!}} = f'''(\xi)$$

를 만족하는 $\xi \in (a,\ c)$가 존재한다. 따라서

$$\frac{f(x)-\left\{f(a)+f'(a)(x-a)+\frac{f''(a)}{2!}(x-a)^2\right\}}{\frac{(x-a)^3}{3!}} = f'''(\xi)$$

가 성립한다. □

이를 일반화하여 Taylor 정리를 얻을 수 있다.

나머지항 $R_n(x)$가 Lagrange 형태인 n차 Taylor 정리

$$f(x) = f(a)+f'(a)(x-a)+\cdots+\frac{f^{(n)}(a)}{n!}(x-a)^n+\frac{f^{(n+1)}(\xi)}{(n+1)!}(x-a)^{n+1}$$

(단, $\xi \in (a,\ x)$)

정의 ($x=a$에서의 n차 Taylor 다항식 $P_n(x)$)

$$P_n(x) = f(a)+f'(a)(x-a)+\cdots+\frac{f^{(n)}(a)}{n!}(x-a)^n$$

예제 $Q(x) = 2x^2 + 5x - 8$ 일 때 $x = 0$ 에서의 2차 Taylor 다항식 $P_2(x)$를 구하라.

풀이

$$Q(0) = -8$$

$$Q'(0) = 4x + 5 \,|_{x=0} = 5$$

$$Q''(0) = 4$$

따라서

$$P_2(x) = Q(0) + Q'(0) \cdot x + \frac{Q''(0)}{2!}x^2 = -8 + 5x + 2x^2$$

이다. □

위의 예에서 $Q(x) = P_2(x)$임에 유의하라.

예제 $f(x) = \sin x$일 때 $x = 0$에서의 5차 Taylor 다항식 $P_5(x)$를 구하라.

풀이 $f(x) = \sin x$를 계속 미분하면

$$f'(x) = \cos x$$

$$f''(x) = -\sin x$$

$$f'''(x) = -\cos x$$

$$f^{(4)}(x) = \sin x$$

$$f^{(5)}(x) = \cos x$$

이므로, $P_5(x)$는 다음과 같다.

$$P_5(x) = f(0) + f'(0) \cdot x + \frac{f''(0)}{2!} \cdot x^2 + \frac{f'''(x)}{3!} \cdot x^3 + \frac{f^{(4)}(x)}{4!} \cdot x^4 + \frac{f^{(5)}(x)}{5!} \cdot x^5$$

$$= x - \frac{x^3}{3!} + \frac{x^5}{5!}$$

□

예제 $f(x)= e^x$일 때 $x= 0$에서의 4차 Taylor 다항식 $P_4(x)$를 구하라.

풀이 $f(x)= e^x$를 계속 미분하면

$$f'(x)= e^x$$

$$f''(x)= e^x$$

$$\cdots\cdots$$

이므로, $P_4(x)$는 다음과 같다.

$$\begin{aligned} P_4(x) &= f(0)+ f'(0) \cdot x+ \frac{f''(0)}{2!}x^2 + \frac{f'''(0)}{3!}x^3 + \frac{f^{(4)}(0)}{4!}x^4 \\ &= 1+ x+ \frac{x^2}{2!}+ \frac{x^3}{3!}+ \frac{x^4}{4!} \end{aligned}$$

□

예제 $f(x)= \log(1+x)$일 때 $x= 0$에서의 4차 Taylor 다항식 $P_4(x)$를 구하라.

풀이 $f(x)= \log(1+x)$를 계속 미분하면

$$f'(x)= \frac{1}{1+x}$$

$$f''(x)= \frac{-1}{(1+x)^2}$$

$$f'''(x)= \frac{2}{(1+x)^3}$$

$$f^{(4)}(x)= \frac{-2 \cdot 3}{(1+x)^4}$$

이므로, $P_4(x)$는 다음과 같다.

$$\begin{aligned} P_4(x) &= f(0)+ f'(0) \cdot x+ \frac{f''(0)}{2!}x^2 + \frac{f'''(0)}{3!}x^3 + \frac{f^{(4)}(0)}{4!}x^4 \\ &= x- \frac{x^2}{2}+ \frac{x^3}{3}- \frac{x^4}{4} \end{aligned}$$

□

(1) Taylor 급수

함수 f가 $x=c$에서 계속 미분가능하면 n차 Taylor 계수 $a_n = \dfrac{f^{(n+1)}(c)}{(n+1)!}$를 얻을 수 있다. 이때 함수 f는 다음과 같은 멱급수 형태

$$f(x) = \sum_{n=0}^{\infty} \frac{f^{(n)}(c)}{n!}(x-c)^n \qquad \text{for } |x-c| < r \qquad \cdots\cdots\cdots\cdots\cdots\cdots (1)$$

로 표현할 수 있는데, 이 사실은 나머지항 $R_n(x)$가

$$R_n(x) \to 0 \qquad \text{for } |x-c| < r$$

임과 동치이다. 이때 멱급수 형태의 식 (1)을 함수 f의 Taylor 전개(expansion)라 정의하며, Taylor 다항식은 Taylor 전개의 부분합이 된다.

예제 다음 함수의 Taylor 전개를 $x=0$에서 구하라.

(1) $f(x) = \sin x \qquad \text{for } x \in R$

(2) $g(x) = e^x \qquad \text{for } x \in R$

풀이

(1) 함수 $f(x) = \sin x$를 계속 미분하면 다음과 같다.

$$f'(x) = \cos x = f^{(5)}(x)$$

$$f''(x) = -\sin x$$

$$f'''(x) = -\cos x$$

$$f^{(4)}(x) = \sin x$$

n차 Taylor 계수는 $a_n = \dfrac{f^{(n)}(c)}{n!}$이므로, $c=0$에서

$$a_{2n} = \frac{f^{(2n)}(0)}{(2n)!} = 0$$

$$a_{2n+1} = \frac{f^{(2n+1)}(0)}{(2n+1)!} = \frac{(-1)^n}{(2n+1)!}$$

이다. 따라서 나머지항 $R_n(x)$에 절대값을 취하면

$$|R_n(x)| = \left|\frac{f^{(n+1)}(\xi)}{(n+1)!}x^{n+1}\right| \le \frac{|x|^{n+1}}{(n+1)!} \qquad \xi \in (0,\ x), \qquad x \in R, \quad n \in N$$

가 된다. $R_n(x) \to 0$이므로

$$f(x) = f(0) + f'(0) \cdot x + \frac{f''(0)}{2!}x^2 + \frac{f'''(0)}{3!}x^3 + \cdots$$

$$\sin x = x - \frac{x^3}{3!} + \frac{x^5}{5!} + \cdots = \sum_{n=0}^{\infty} \frac{(-1)^n}{(2n+1)!}x^{2n+1} \qquad \text{for } x \in R,\ n \in N$$

이다.

(2) 함수 $g(x) = e^x$를 계속 미분하면

$$g'(x) = e^x$$

$$g''(x) = e^x$$

$$\cdots\cdots$$

이므로, n번째 나머지항 $R_n(x)$는

$$R_n(x) = \frac{f^{(n+1)}(\xi)}{(n+1)!}x^{n+1} = \frac{e^{\xi}}{(n+1)!}x^{n+1} \to 0 \quad \xi \in (0,\ x)$$

이다. 따라서 $g(x)$를 Taylor 전개하면

$$g(x) = g(0) + g'(0) \cdot x + \frac{g''(0)}{2!} \cdot x^2 + \cdots$$

$$e^x = 1 + x + \frac{x^2}{2!} + \cdots$$

$$= \sum_{n=0}^{\infty} \frac{x^n}{n!} \qquad \text{for } x \in R$$

이다. □

(2) 로그함수의 Taylor 전개

$\log x$는 $x>0$에서 정의되므로 $x=0$에서 Taylor 전개를 할 수 없다. 따라서 $\log(1+x)$를 $x=0$에서 Taylor 전개하여 보자. 그런데 로그함수의 Lagrange 나머지항 $R_n(x)$가 0으로 수렴함을 보이기 어렵기 때문에, 다른 방법을 사용하기로 한다.

다음과 같은 등비수열의 처음 $(n+1)$항의 합은

$$1-t+t^2-t^3+\cdots+(-1)^n t^n$$

$$=\frac{1-(-t)^{n+1}}{1-(-t)}=\frac{1}{1+t}-\frac{(-1)^{n+1}t^n}{1+t} \qquad \text{for} \quad -t\neq 1$$

이므로, 공비 $-t\neq 1$에 대하여

$$\frac{1}{1+t}=1-t+t^2-t^3+\cdots+(-1)^n t^n+\frac{(-1)^{n+1}t^{n+1}}{1+t}$$

가 성립한다.

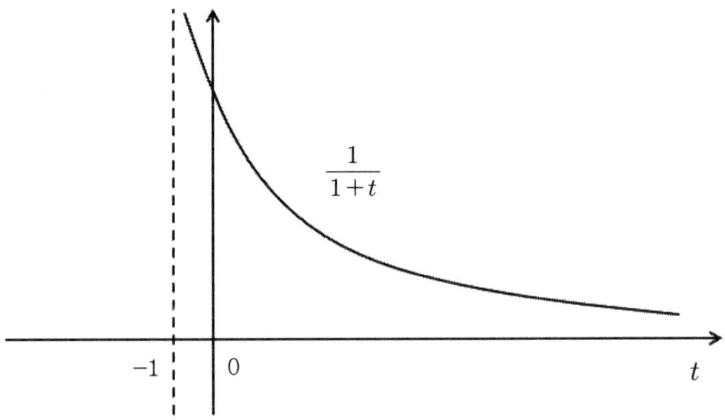

$x>-1$에 대하여 두 식을 각각 적분하면 다음을 얻는다.

$$\int_0^x \frac{1}{1+t}dt = \int_0^x \left\{1 - t + t^2 - t^3 + \cdots + (-1)^n t^n + \frac{(-1)^{n+1} t^{n+1}}{1+t}\right\}dt$$

$\Rightarrow$

$$\log(1+x) = x - \frac{x^2}{2} + \frac{x^3}{3} + \cdots + (-1)^n \cdot \frac{x^{n+1}}{n+1} + (-1)^{n+1}\int_0^x \frac{t^{n+1}}{1+t}dt$$

이때, $-1 < x \le 1$에 대하여 다음을 보이면 된다.

$$R_n(x) = (-1)^{n+1}\int_0^x \frac{t^{n+1}}{1+t}dt \quad \to \quad 0$$

(i) $0 \le x \le 1$일 때

$$\int_0^x \frac{t^{n+1}}{1+t}dt \le \int_0^x t^{n+1}dt = \left| \frac{t^{n+2}}{n+2} \right|_0^x = \frac{x^{n+1}}{n+2}$$

$$\le \frac{1}{n+2} \to 0$$

(ii) $-1 < x < 0$일 때

$$\int_0^x \frac{t^{n+1}}{1+t}dt = -\int_x^0 \frac{t^{n+1}}{1+t}dt$$

$$\le -\frac{1}{1+x}\int_x^0 t^{n+1}dt \quad (\because 1 \le \frac{1}{1+t} \le \frac{1}{1+x} \text{이므로})$$

$$= \left[\frac{-1}{1+x}\,\frac{t^{n+2}}{n+2}\right]_x^0 = -\frac{1}{1+x}\,\frac{x^{n+2}}{n+2} \to 0$$

따라서 로그함수를 Taylor 전개하면

$$\log(1+x) = x - \frac{x^2}{2} + \frac{x^3}{3} + \cdots \qquad \text{for} \quad -1 < x \le 1$$

이다.

연습문제 2.3

1. 다음 함수의 5차 Taylor 다항식을 $x=0$에서 구하라.

(1) $f(x)=\dfrac{1}{1-x}$ (2) $g(x)=\tan x$

(3) $h(x)=\cos x$ (4) $k(x)=\tan^{-1}x$

2. $x>0$에 대하여, 다음 부등식을 증명하라.

$$1+\frac{x}{2}-\frac{x^2}{8}\le \sqrt{1+x}\le 1+\frac{x}{2}$$

3. 다음 함수의 n차 Taylor 다항식을 $x=\dfrac{\pi}{4}$에서 구하고, 나머지항 $R_n(x)$의 경계값을 찾아라.

$f(x)=\sin x$

4. 다음 부등식을 증명하라.

$$1-\frac{1}{2}x^2\le \cos x \quad \text{for } x\in R$$

5. $f(x)=(1+x)^n$ for $n\in N$에 대하여, 다음을 보여라.

(1) $f^{(n+1)}(x)=0$

(2) $f(x)=1+nx+\dfrac{n(n-1)}{2!}x+\dfrac{n(n-1)(n-2)}{3!}x^3+\cdots+x^n$

2.4 함수의 극대와 극소

만약

$$x_1 < x_2 \Rightarrow f(x_1) \le f(x_2) \quad x_1,\ x_2 \in I$$

이면, 함수 $f: I \rightarrow R$은 구간 I에서 증가한다(increasing)고 정의한다. 마찬가지로 만약

$$x_1 < x_2 \Rightarrow f(x_1) \ge f(x_2) \quad x_1,\ x_2 \in I$$

이면, 함수 $f: I \rightarrow R$은 구간 I에서 감소한다(decreasing)고 정의한다.

정리 2.4.1

만약 $f: I \rightarrow R$은 구간 I에서 미분가능하다면,

(1) f는 I에서 증가한다 iff $f'(x) \ge 0 \quad {}^\forall x \in I$

(2) f는 I에서 감소한다 iff $f'(x) \le 0 \quad {}^\forall x \in I$

가 성립한다.

[증명] (1)만 증명한다.

(1) ($\Leftarrow$) ${}^\forall x \in I$에 대하여 $f'(x) \ge 0$이라 가정한다. 이때 $x_1 < x_2$에 대하여 평균값정리를 적용하면

$$f(x_2) - f(x_1) = f'(c)(x_2 - x_1)$$

를 만족하는 $c \in (x_1,\ x_2)$가 존재한다. 따라서

$$f(x_2) - f(x_1) \geq 0$$

이므로, f는 I에서 증가한다. □

만약

$$x_1 < x_2 \Rightarrow f(x_1) < f(x_2) \quad x_1,\ x_2 \in I$$

이면, 함수 $f: I \rightarrow R$은 구간 I에서 단조증가한다(strictly increasing)고 정의한다. 마찬가지로 만약

$$x_1 < x_2 \Rightarrow f(x_1) > f(x_2) \quad x_1,\ x_2 \in I$$

이면, 함수 $f: I \rightarrow R$은 구간 I에서 단조감소한다(strictly decreasing)고 정의한다.

함수 $f(x)$가 어느 구간에서 미분가능하고 미분계수 $f'(c) > 0$이면, 그 구간에서 단조증가함을 [정리 2.4.1]을 이용하여 알 수 있지만, 그 역은 성립하지 않는다. 즉 어떤 함수가 단조증가하더라도, $f'(c) > 0$가 아닐 수 있다.

예제 다음 함수는 단조증가하지만, $f(0) = 0$이다.

$$f(x) = x^3 : R \rightarrow R$$

풀이 $f'(0) = 3x^2 = 0$

그렇지만 f는 R에서 단조증가한다. □

예제 다음을 보여라.

$$\log(1+x) \geq x - \frac{x^2}{2} \quad \text{for} \quad x \geq 0$$

풀이

$$f(x) = \log(1+x) - \left(x - \frac{x^2}{2}\right) \quad \text{for} \quad x \geq 0$$

로 놓고, f를 미분한다.

$$f'(x) = \frac{1}{1+x} - (1-x) = \frac{x^2}{1+x} \geq 0 \quad \text{for } x \geq 0$$

이므로, $f(x)$는 증가함수이다. 그런데 $f(0)=0$이므로

$$f(x) = \log(1+x) - \left(x - \frac{x^2}{2}\right) \geq 0$$

이다. □

자, 이제 함수가 내부점에서 극치를 가질 조건이 무엇인지 다음 정리에서 알아보자.

정리 2.4.2

함수 f는 $I=[a, b]$에서 연속이고, 내부점 $c \in I_1 = (a, b)$에 대하여 함수 f는 (a, c)와 (c, b)에서 미분가능하다.

(1) 만약 $\delta > 0$에 대하여

$$f'(x) \geq 0 \ \text{ for } (c-\delta, c)\text{이고 } f'(x) \leq 0 \ \text{ for } (c, c+\delta)$$

이면, f는 c에서 극대값을 가진다.

(2) 만약 $\delta > 0$에 대하여

$$f'(x) \leq 0 \ \text{ for } (c-\delta, c)\text{이고 } f'(x) \geq 0 \ \text{ for } (c, c+\delta)$$

이면, f는 c에서 극소값을 가진다.

[증명]

(1) 만약 $x \in (c-\delta, c)$이면, 평균값정리에 의해

$$f(c) - f(x) = f'(c_x)(c-x)$$

을 만족하는 $c_x \in (x,\ c)$가 존재한다. 그런데 $f'(c_x) > 0$이므로

$$f(c) - f(x) \ge 0 \quad \text{for} \quad x \in (c-\delta,\ c)$$

임을 알 수 있다. 비슷한 방법으로

$$f(c) - f(x) \ge 0 \quad \text{for} \quad x \in (c,\ c+\delta)$$

임을 보일 수 있다. 따라서

$$f(c) - f(x) \ge 0 \quad \text{for} \quad x \in (c-\delta,\ c+\delta)$$

이므로, f는 c에서 극대값을 가진다.

(2) 동일한 방법으로 증명한다. □

예제 다음 함수의 극값을 판정하라.

$$f(x) = x^3 - 3x + 1$$

풀이 함수 $f(x)$의 도함수 $f'(x)$를 구하여 0일 때의 해를 구하면

$$f'(x) = 3x^2 - 3 = 0$$

이므로, $x = \pm 1$에서 극값을 가진다. 도함수 $f'(x)$의 그래프를 그리면

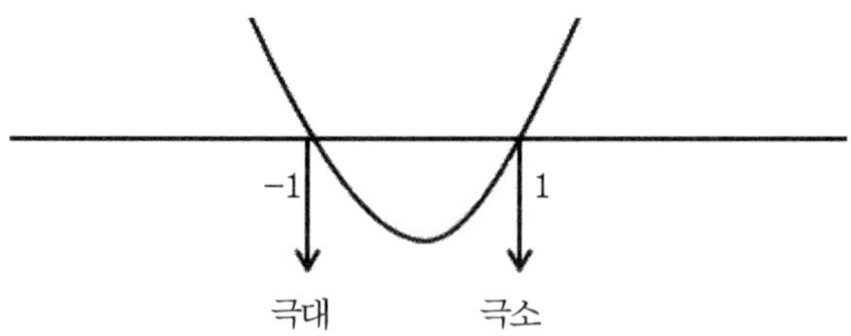

이므로, 함수 $f(x)$는 $x = -1$에서 극대이고, $x = 1$에서 극소이다. □

함수 $f: I \to R$가 I 의 내부점 c에서 미분가능하다면, c에서 극값을 갖기 위한 필

요조건은 $f'(c)=0$가 된다. 또한 f가 c에서 극대인지 또는 극소인지를 판정하기 위하여 [정리 2.4.2]를 사용하였다. 만약 고차 미분계수가 존재한다면, 극값을 판정하기 위해 다음 정리를 사용할 수 있다.

정리 2.4.3

I는 구간, c는 I의 내부점, $n \geq 2$
도함수들인 $f', f'', \cdots, f^{(n)}$가 c의 근방 U에서 존재하고 연속이다. 또한 $f'(c) = \cdots = f^{(n-1)}(c) = 0$이지만 $f^{(n)}(c) \neq 0$일 때 다음이 성립한다.

(1) 만약 n이 짝수이고 $f^{(n)}(c) > 0$이면, 함수 f는 c에서 극소값을 가진다.
(2) 만약 n이 짝수이고 $f^{(n)}(c) < 0$이면, 함수 f는 c에서 극대값을 가진다.
(3) 만약 n이 홀수이면, 함수 f는 c에서 극대값이나 극소값을 가지지 않는다.

[증명]

(1) I의 내부점 c에서 함수 f에 Taylor 정리를 사용하면

$$f(x) = f(c) + f'(c)(x-c) + \cdots + \frac{f^{(n-1)}(c)}{(n-1)!}(x-c)^{n-1} + \frac{f^{(n)}(\xi)}{n!}(x-c)^n$$

$$= f(c) + \frac{f^{(n)}(\xi)}{n!}(x-c)^n$$

를 만족하는 ξ가 c와 x 사이에 존재한다. 그런데 $f^{(n)}$은 연속이고 $f^{(n)}(c) > 0$이므로, c의 근방 U가 존재하여

$$f^{(n)}(x) > 0 \quad \text{for} \quad x \in U$$

$$f^{(n)}(\xi) > 0$$

가 성립한다. 이때 n은 짝수이므로

$$\therefore f(x) \geq f(c) \quad \text{for} \quad x \in U$$

(2) 동일한 방법으로 증명한다.

(3) n이 홀수이면,

$$(x-c)^n > 0 \quad \text{for } x > c$$

$$(x-c)^n < 0 \quad \text{for } x < c$$

이므로, $\dfrac{f^{(n)}(\xi)}{n!}(x-c)^n$의 값은 c의 왼쪽과 오른쪽에서 서로 다른 부호를 가진다. 따라서 f는 c에서 극값을 가지지 않는다. □

[정리 2.4.3]의 간단한 형태인 $n=2$인 경우를 증명 없이 살펴보자.

정리 2.4.4

I는 구간, c는 I의 내부점
도함수 f', f''가 c의 근방 U에서 존재하고 연속이다. 또한 $f'(c)=0$이지만 $f''(c) \neq 0$일 때 다음이 성립한다.

(1) 만약 $f''(c) > 0$이면, 함수 f는 c에서 극소값을 가진다.
(2) 만약 $f''(c) < 0$이면, 함수 f는 c에서 극대값을 가진다.

예제 (계속) 다음 함수를 두 번 미분하여 극값을 판정하라.

$$f(x) = x^3 - 3x + 1$$

풀이 함수 $f(x)$의 도함수 $f'(x)$를 0으로 놓으면

$$f'(x) = 3x^2 - 3 = 0$$

이므로, $x = \pm 1$이다. $f'(x)$를 한 번 더 미분하여 $x = \pm 1$에서의 미분계수를 구하면

$$f''(-1) < 0,\ f''(1) > 0$$

이므로, 함수 $f(x)$는 $x = -1$에서 극대이고, $x = 1$에서 극소이다. □

예제 다음 함수는 $x=0$에서 극값을 가지는가?

$$f(x)=\cos x+\frac{1}{2}x^2$$

풀이 $f(x)$를 미분하여 0으로 놓으면

$$f'(x)=-\sin x+x=0$$

이므로, $f'(0)=0$이 된다. 한 번 더 미분한 0에서의 미분계수는

$$f''(0)=-\cos x+1|_{x=0}=0$$

이므로, 계속 미분하면

$$f^{(3)}(0)=\sin x|_{x=0}=0$$

$$f^{(4)}(0)=\cos x|_{x=0}=1>0$$

이므로, [정리 2.4.3]에 의해 함수 $f(x)$는 $x=0$에서 극소값 1을 가진다. [그림 2.4.1]을 보라. □

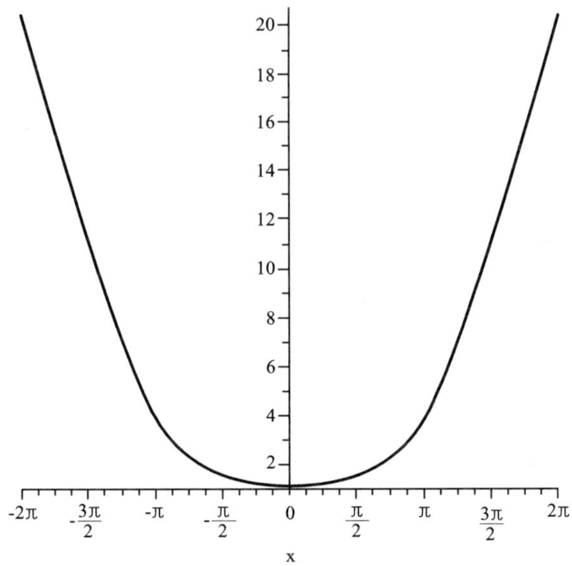

〈Maple 명령문〉

$fx:=\cos(x)+.5\cdot x^2;$

$plot(fx,\ x=-2\cdot \mathrm{Pi}..2\cdot \mathrm{Pi});$

[그림 2.4.1] $f(x)=\cos x+\frac{1}{2}x^2$의 그래프

예제 다음 함수는 $x=0$에서 극값을 가지는가?

$$f(x)=\sin x-x$$

풀이 $f(x)$를 미분하여 0으로 놓으면

$$f'(x)=\cos x-1=0$$

이므로, $f'(0)=0$이 된다. 계속하여 미분한 0에서의 미분계수는

$$f''(0)=-\sin x\,|_{x=0}=0$$

$$f'''(0)=-\cos x\,|_{x=0}=-1<0$$

이므로, [정리 2.4.3]에 의해 함수 $f(x)$는 $x=0$에서 극값을 가지지 않는다. □

(1) 볼록한 함수와 오목한 함수

함수의 형태가 볼록한(convex)지 오목한(concave)지를 파악함은 의미가 있다. 함수의 볼록성과 미분과의 관계를 알아보도록 하자.

정의 (함수의 볼록성)

$I=$ 구간, $0<t<1$
만약 임의의 $0<t<1$에 대하여

$$f((1-t)a+tb)\le(1-t)f(a)+tf(b)\quad \text{for}\quad a,\ b\in I$$

또는

$$f(x)\le f(a)+\frac{f(b)-f(a)}{b-a}(x-a)\quad \text{for } a,\ b\in I \text{ and } any\ x\in(a,\ b)$$

이면, 함수 $f:\ I\to R$는 볼록하다(convex)고 정의한다.

만약 $a < b$이고, t가 0에서 1로 변한다면, 점 $(1-t)a+tb$는 a에서 b로 움직인다. 따라서 함수 f가 구간 I에서 볼록하다면, 두 점 $(a,\ f(a))$, $(b,\ f(b))$을 잇는 선분은 함수 f의 그래프보다 그 위에 위치하게 된다([그림 5.4.2]).

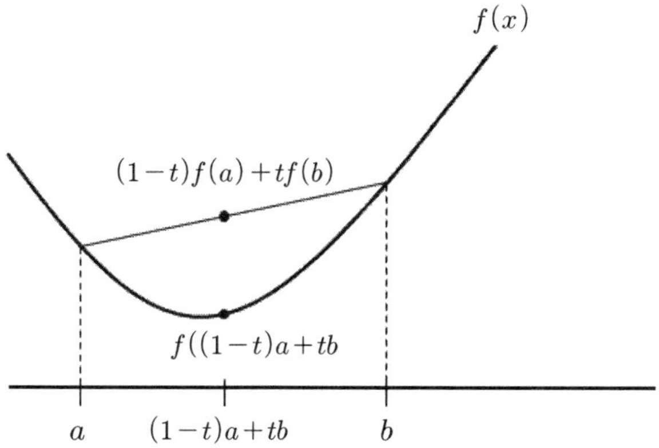

[그림 2.4.2] 볼록한 함수 f

어떤 함수가 볼록하더라도, 미분가능하지 않을 수 있다. 그렇지만 열린 구간 $I_1 = (a,\ b)$에서 볼록한 함수는, I_1 내의 임의의 점에서 우미분계수와 좌미분계수가 각각 존재한다(물론 우미분계수와 좌미분계수는 서로 같지 않을 수 있다). 따라서 $I_1 = (a,\ b)$에서 볼록한 함수는 필연적으로 연속임을 알 수 있다. 또한 $I_1 = (a,\ b)$에서 볼록한 함수 f는, 만약 두 번 미분 가능하다면, $f''(x) \geq 0$이 된다.

예제 함수 $f(x)$에 대하여 아래의 질문에 답하라.

$$f(x) = |x| \quad \text{for } [-1, 1]$$

(1) $x = 0$에서의 우미분계수와 좌미분계수를 각각 구하여, $x = 0$에서 미분가능하지 않음을 보여라.

(2) $f(x)$는 볼록한 함수임을 보여라.

(3) $f(x)$는 $[-1,\ 1]$에서 연속임을 확인하라.

풀이

(1) $x=0$에서의 우미분계수 $f(0+)$와 좌미분계수 $f(-0)$는

$$f(0+)=\lim_{h\to 0+}\frac{f(h)-f(0)}{h}=\lim_{h\to 0+}\frac{h}{h}=1$$

$$f(0-)=\lim_{h\to 0-}\frac{f(h)-f(0)}{h}=\lim_{h\to 0-}\frac{-h}{h}=1$$

이므로, $f(x)$는 $x=0$에서 미분가능하지 않다.

(2)

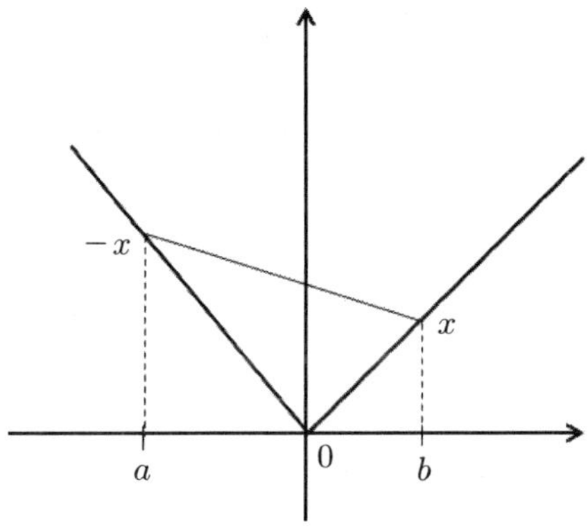

임의의 두 점 $a,\ b\in[-1,\ 1]$을 이은 선분은 함수 $|x|$의 그래프보다 그 위에 위치한다. 따라서 볼록함수이다.

(3) 그림을 보면 연속임이 확실하다.

정리 2.4.5

$I=$ 개구간

만약 함수 $f: I\to R$은 I에서 두 번 미분가능하다고 가정한다면, 다음 두 식은 서로 동치이다.

(1) 함수 f는 I에서 볼록하다.

(2) $f''(x)\geq 0 \quad \text{for } x\in I$

【증명】 (⇒) 함수 f는 I에서 볼록함을 가정하면,

$$f''(x)=\lim_{h\to 0}\frac{f'(x+h)-f'(x)}{h}$$

$$=\lim_{h\to 0}\frac{1}{h}\left[\lim_{k\to 0}\frac{f(x+h+k)-f(x+h)}{k}-\frac{f(x+k)-f(x)}{k}\right]$$

$$=\lim_{h\to 0}\frac{1}{h}\left[\lim_{k\to 0}\frac{f(x+h+k)-f(x+h)-f(x+k)+f(x)}{k}\right]$$

$$=\lim_{h=k\to 0}\frac{1}{h^2}[f(x+2h)-2f(x+h)+f(x)]\ (\because h=k)$$

$$\geq 0\left(\because f: convex \Leftrightarrow \frac{1}{2}[f(x+2h)+f(x)]\geq f(x+h)\right)$$

이다.

(⇐) 두 점 $x_1,\ x_2\in I$를 $t:1-t$로 내분하는 점을 a라 하면

$$a=(1-t)x_1+tx_2$$

이다. 이때 $f(x_1), f(x_2)$를 점 a를 중심으로 각각 Taylor 전개하면

$$f(x_1)=f(a)+f'(a)(x_1-a)+\frac{f''(\xi_1)}{2!}(x_1-a)^2$$

$$f(x_2)=f(a)+f'(a)(x_2-a)+\frac{f''(\xi_2)}{2!}(x_2-a)^2$$

를 만족하는 $\xi_1,\ \xi_2$가 x_1과 a 그리고 x_2와 a 사이에 각각 존재한다. 이때 두 값 $f(x_1),\ f(x_2)$를 $t:1-t$로 내분하면

$$(1-t)f(x_1)+tf(x_2)=f(a)+(1-t)\frac{f''(\xi_1)}{2!}(x_1-a)^2+t\frac{f''(\xi_2)}{2!}(x_2-a)^2$$

이므로

$$(1-t)f(x_1)+tf(x_2)\geq f(a)=f((1-t)x_1+tx_2)$$

이다. 따라서 함수 $f(x)$는 볼록하다. □

개구간 I에서 $f(x)$의 도함수 $f'(x)$가 증가하면, f는 이 구간에서 볼록하고 반면에 $f'(x)$가 감소하면, f는 이 구간에서 오목한 함수가 된다.

함수 $f(x)$상의 점 c에서 곡선의 볼록의 방향이 바뀔 때 점 c를 f의 변곡점(inflection point)이라고 정의한다. 따라서

(1) 만약 $f''(c) > 0$이면, f는 $x = c$에서 볼록하다.

(2) 만약 $f''(c) < 0$이면, f는 $x = c$에서 오목하다.

(3) 만약 $f''(c) = 0$, $f^{(3)}(c) \neq 0$이면, f는 $x = c$에서 변곡점을 가진다.

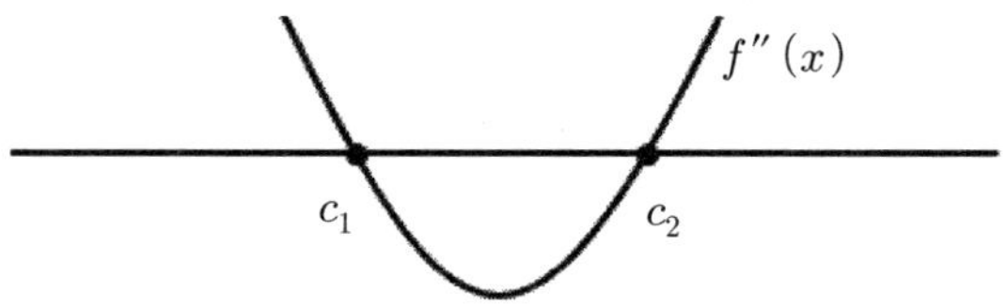

위의 그림을 보고 다음을 살펴보자.

(1) 점 c_1은 변곡점이다.

c_1의 왼쪽에서 볼록하다가 c_1의 오른쪽에서는 오목한 형태로 바뀐다.

(2) 점 c_2도 변곡점이다.

c_2의 왼쪽에서 오목하다가 c_2의 오른쪽에서는 볼록한 형태로 바뀐다.

예제 다음 함수의 개형을 구하고, 변곡점을 구하라.

$$f(x) = \frac{1}{\sqrt{2\pi}} e^{-\frac{x^2}{2}}$$

풀이 함수 $f(x)$를 계속 미분하면

$$f'(x) = -\frac{1}{\sqrt{2\pi}} x e^{-\frac{x^2}{2}}$$

$$f''(x) = \frac{1}{\sqrt{2\pi}} (1-x^2) e^{-\frac{x^2}{2}}$$

이므로

(1) $x=0$에서 f는 극대값을 가진다.

(2) $x=\pm 1$은 변곡점이다.

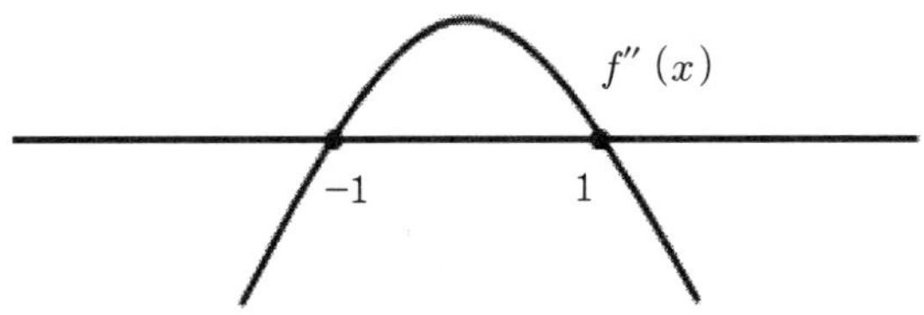

$x=-1$에서 오목하다 볼록하고, $x=1$에서 볼록하다가 오목하게 된다([그림 2.4.3]).

□

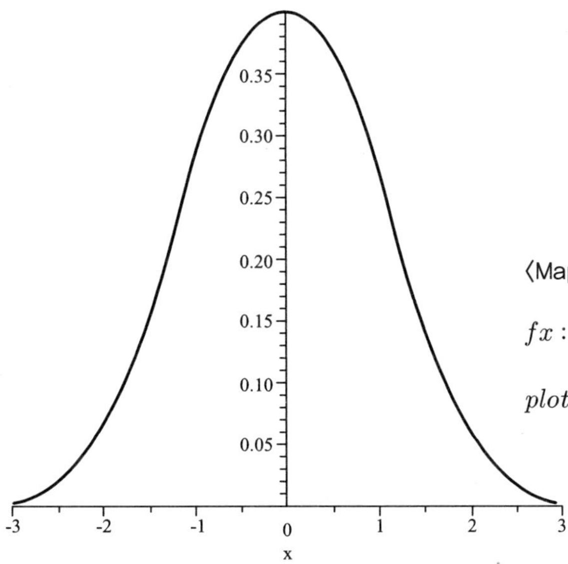

〈Maple 명령문〉

$$fx := \frac{1}{\mathrm{sqrt}(2 \cdot \mathrm{Pi})} \cdot \exp(-.5 \cdot x^2);$$

$$plot(fx,\ x=-3\ ..\ 3);$$

[그림 2.4.3] $f(x) = \frac{1}{\sqrt{2\pi}} e^{-\frac{x^2}{2}}$ **의 그래프**

연습문제 2.4

1. 다음 함수들은 $x=0$에서 극값을 가지는지를 판정하라.

(1) $f(x)=x^3-1$

(2) $g(x)=\sin x+\dfrac{1}{3}x^3$

(3) $h(x)=\sin x-x$

2. 다음 함수의 볼록한 구간을 구하고, 또한 변곡점을 찾아라.

(1) $f(x)=x^4-18x^2$

(2) $g(x)=x^3(x-1)^2$

(3) $h(x)=x^2+\dfrac{16}{x}\qquad \text{for } x\neq 0$

3. 함수 $y=x\sin x$에 대하여

(1) 곡선 $y=x\sin x$의 극값은 $x=-\tan x$를 만족하는 해임을 보여라.

(2) 이 사실을 이용하여, $y=x\sin x$의 그래프의 개형을 작성하라.

4. 다음을 보여라.

$$\left|\sin x-\left(x-\frac{x^3}{6}+\frac{x^5}{120}\right)\right|<\frac{1}{5040}\qquad \text{for } |x|<1$$

5. 만약 실수 R에서 정의된 두 함수 f, g는 볼록하고, f는 증가함수라면, 이때 합성함수 $f\circ g$는 볼록함을 보여라.

3장

적분

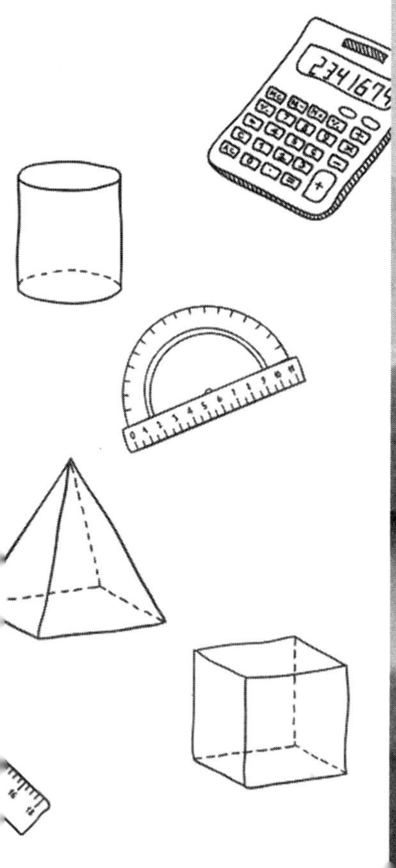

고대 그리스 때부터 원이나 직사각형뿐 아니라 곡선에 둘러싸인 지역의 면적을 구하기 위해 많은 노력을 해왔다고 한다. 곡선 아래의 면적을 구하기 위하여 곡선에 접하는 접선을 이용한다는 반전은 G. Leibniz와 Newton이 1680년대에 발견하였다. 그들은 접선을 구하는 미분과 합의 개념으로 면적을 구하는 적분은 서로 역의 작용임을 알아내었다.

1850년대 Bernhard Riemann은 새로운 개념의 적분을 발표하였다. 그는 적분의 개념을 미분으로부터 분리하였고, 적분 그 자체를 이용하여 면적을 구하기 위해 합과 극한의 개념을 도입하였다. 구간상의 모든 함수에 적분의 과정이 가능한지를 조사함으로써 적분가능(integrable)한 함수의 집합을 찾아냈다. Riemann의 견해로 인해 여러 가지 적분 이론이 개발되었고, 그 중 하나가 Lebesque 적분이다. 유명한 미적분의 기본정리(the Fundamental Theorem of Calculus)는 단지 제한된 적분가능한 함수에서만 성립하는 정리이다. 이 장에서는 Riemann 적분에 관하여 다루기로 한다.

3.1 Riemann 적분

이 절에서는 유계인(bounded) 함수 $f: I = [a, b] \rightarrow R$의 상적분(upper integral)과 하적분(lower integral)에 관하여 정의하고 공부한다. 만약 상적분값과 하적분값이 동일하다면 적분가능하다고 정의하고, 그 값이 적분값이 된다.

(1) 상합과 하합

정의 **(분할, a partition)**

구간 $I = [a, b]$ 내에 임의의 $n-1$개의 점 $P = (x_0, x_1, \cdots, x_n)$를

$$a = x_0 < x_1 < x_2 < \cdots < x_{n-1} < x_n = b$$

잡으면, $I = [a, b]$를 n개의 소구간

$$[x_0, x_1], [x_1, x_2], \cdots, [x_{n-1}, x_n]$$

으로 나눈다. 이때 $P = (x_0, x_1, \cdots, x_n)$을 구간 $I = [a, b]$의 분할(partition)이라 정의한다.

함수 $f: I = [a, b] \rightarrow R$는 유계이고, $P = (x_0, \cdots, x_n)$을 I 의 분할이라고 가정하자. 또한

$$m_k = inf\{f(x) : x \in [x_{k-1}, x_k]\}$$

$$M_k = sup\{f(x) : x \in [x_{k-1}, x_k]\}$$

라고 표기한다면, 분할 P에 해당하는 f의 하합(lower sum)과 상합(upper sum)을 각각

$$L(P\,;f) = \sum_{k=1}^{n} m_k (x_k - x_{k-1})$$

$$U(P\,;f) = \sum_{k=1}^{n} M_k (x_k - x_{k-1})$$

로 정의한다.

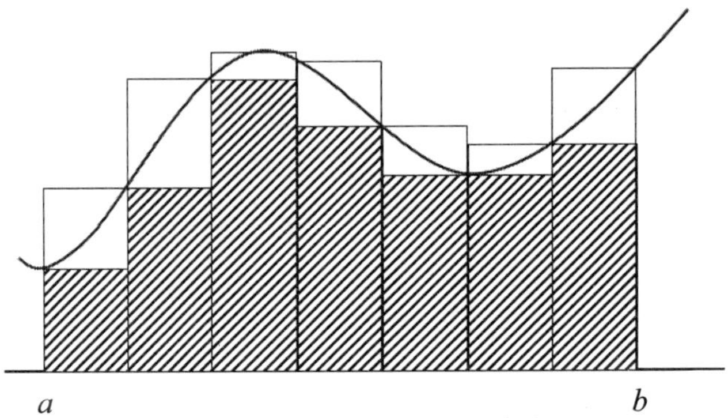

[그림 3.1.1] $L(P;f)$는 빗금 친 부분, $U(P;f)$는 하얀 부분

만약 함수 $f(x)$가 양의 값을 가진다면, 하합 $L(P\,;f)$는 밑변 $[x_{k-1},\ x_k]$ 높이 m_k인 직사각형들의 합의 면적을 나타내고, 상합 $U(P\,;f)$는 밑변 $[x_{k-1},\ x_k]$ 높이 M_k인 직사각형들의 합의 면적으로 해석할 수 있다([그림 4.1.1]을 보라).

(2) 상적분과 하적분

구간 I의 모든 분할의 집합을 $P(I)$라 표기할 때, 다음 정의를 살펴보자.

정의 함수 $f: I = [a,\ b] \to R$를 유계라고 가정할 때, I상에서 f의 상적분과 하적분을 각각

$$L(f) = sup\{L(P\,;f): P \in P(I)\}$$

$$U(f) = inf\{U(P\,;f):\ P \in P(I)\}$$

로 정의한다.

함수 f를 유계라고 가정했으므로,

$$m_I = inf\{f(x) : x \in I\}$$

$$M_I = sup\{f(x) : x \in I\}$$

의 값은 각각 존재함을 알 수 있다.

(3) Riemann 적분

만약 함수 $f : I = [a, b] \to R$가 유계일 때, 이때 하적분 $L(f)$와 상적분 $U(f)$는 각각 존재한다. 그렇지만 함수에 따라 $L(f) = U(f)$인 경우도 있고, 때로는 $L(f) < U(f)$인 경우도 있다. $L(f) = U(f)$일 때, 함수 f를 적분가능(integrable)하다고 정의한다.

정의 유계인 함수 $f : I = [a, b] \to R$에 대하여 만약 상적분과 하적분의 관계가

$$L(f) = U(f)$$

이면, 이때 함수 f는 I에서 적분가능하다고 정의하며, I에서 f의 Riemann 적분값 $L(f) = U(f)$는

$$\int_a^b f \text{ 또는 } \int_a^b f(x)\,dx$$

로 표기한다.

예제

(1) 다음 함수는 $I = [0, 1]$에서 적분가능함을 보여라.

$$f(x) = x \qquad on\,[0, 1]$$

(풀이) 구간 I를 n개의 등구간으로 나누는 분할 P_n은

$$P_n = \left(0,\ \frac{1}{n},\ \frac{2}{n}, \cdots, \frac{n}{n} = 1\right)$$

일 때, 하합 $L(P_n,\ f)$와 상합 $U(P_n,\ f)$

$$L(P_n,\ f) = \frac{1}{n}\left(0 + \frac{1}{n} + \cdots + \frac{n-1}{n}\right) = \frac{n(n-1)}{2n^2} = \frac{1}{2}\left(1 - \frac{1}{n}\right)$$

$$U(P_n,\ f) = \frac{1}{n}\left(\frac{1}{n} + \frac{2}{n} + \cdots + \frac{n}{n}\right) = \frac{n(n+1)}{2n^2} = \frac{1}{2}\left(1 + \frac{1}{n}\right)$$

이다. 따라서 하적분 $L(f)$와 상적분 $U(f)$은 각각

$$L(f) = \sup_n L(P_n,\ f) = \frac{1}{2}$$

$$U(f) = \inf_n U(P_n,\ f) = \frac{1}{2}$$

로 동일하므로, 함수 f는 I에서 적분가능하다. □

(2) 함수 g는 $I = [0,\ 1]$에서 적분가능하지 않음을 보여라.

$$g(x) = \begin{cases} 1 & \text{for } x \in Q \\ 0 & o.w \end{cases}$$

(풀이) 구간 $I = [0,\ 1]$의 임의의 분할 P

$$P = (x_0,\ x_1,\ \cdots,\ x_n)$$

에 대하여, $m_k = 0,\ M_k = 1$이므로 하합 $L(p, g)$와 상합 $U(p, g)$는

$$L(p, g) = 0$$

$$U(p, g) = 1$$

가 된다. 따라서 하적분 $L(g)$와 상합 $U(g)$는

$$L(g) = 0$$

$$U(g) = 1$$

로 서로 같지 않다. 따라서 함수 g는 I에서 적분가능하지 않다. □

Riemann 적분을 다룰 때 다음 두 질문에 유의하여야 한다.

(1) 어느 구간에서 유계인 함수가 과연 적분가능한가?
(2) 만약 그 함수가 적분가능하다면, 적분값을 어떻게 구하여야 하는가?

유계인 함수가 적분가능한가를 조사하는 다음 정리를 보도록 하자.

정리 3.1.1 (Riemann 적분법칙)

유계인 함수 $f: I = [a, b] \to R$에 대하여 다음 두 식은 서로 동치이다.

(1) f는 I에서 적분가능하다.
(2) 임의의 $\epsilon > 0$에 대하여

$$U(P_\epsilon, f) - L(P_\epsilon, f) < \epsilon$$

를 만족하는 분할 P_ϵ이 존재한다.

[증명]

($\Rightarrow$) 함수 f는 적분가능하므로, $L(f) = U(f)$이다. 그런데

$$L(f) = sup\{L(P, f),\ ^\forall P \in P(I)\}$$

$$U(f) = inf\{U(P, f),\ ^\forall P \in P(I)\}$$

이므로, 임의의 $\epsilon > 0$에 대하여

$$L(f) - \frac{\epsilon}{2} < L(P_1, f)$$

$$U(P_2, f) < U(f) + \frac{\epsilon}{2}$$

를 만족하는 I의 분할 P_1, P_2가 존재한다.

이때 $P_\epsilon = P_1 \cup P_2$로 놓으면,

$$L(f) - \frac{\epsilon}{2} < L(P_1, f) \leq L(P_\epsilon, f)$$

$$\leq U(P_\epsilon, f) \leq U(P_2, f) < U(f) + \frac{\epsilon}{2}$$

가 성립하고, $U(f) = L(f)$이므로

$$U(P_\epsilon, f) - L(P_\epsilon, f) < \epsilon$$

이다.

($\Leftarrow$)

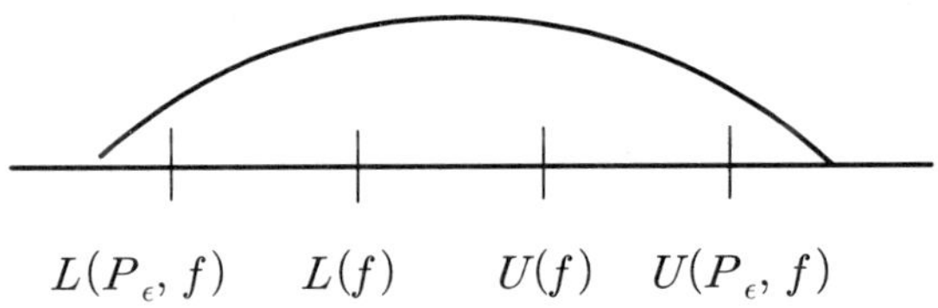

임의의 분할 P_ϵ에 대하여

$$L(P_\epsilon, f) \leq L(f)$$

$$U(f) \leq U(P_\epsilon, f)$$

이므로

$$0 \leq U(f) - L(f) \leq U(P_\epsilon, f) - L(P_\epsilon, f) < \epsilon$$

가 성립한다. 이때 $\epsilon > 0$가 임의의 양수이므로 $L(f) = U(f)$이다. □

정리 3.1.2

함수 $f: I = [a, b] \to R$는 유계이다. 만약 구간 I의 분할인 P_n에 대하여

$$\lim_n (U(P_n, f) - L(P_n, f)) = 0$$

이면, f는 적분가능하고

$$\lim_n L(P_n, f) = \int_a^b f = \lim_n U(P_n, f)$$

이다.

[증명]

$$\lim_n (U(P_n, f) - L(P_n, f)) = 0$$

이므로, 극한의 정리에 의해 임의의 $\epsilon > 0$에 대하여

$$|U(p_n, f) - L(p_n, f)| < \epsilon \quad {}^{\forall} n \geq N$$

를 만족하는 자연수 N이 존재한다. 따라서 f는 I에서 적분가능하다. 또한

$$0 < L(f) - L(P_n, f) < \epsilon$$

$$0 < U(P_n, f) - U(f) < \epsilon$$

이므로,

$$\lim_n L(P_n, f) = \int_a^b f = \lim_n U(P_n, f)$$

이다. □

예제 $I = [0, 1]$의 분할 P_n을

$$P_n = \left(0, \frac{1}{n}, \frac{2}{n}, \cdots, \frac{n-1}{n}, 1\right)$$

로 놓았을 때, $f(x) = x^2$는 적분가능함을 보여라.

풀이 분할 P_n에 대하여 하합 $L(P_n, f)$과 상합 $U(P_n, f)$은

$$L(P_n, f) = \frac{1}{n}\left(0^2 + \left(\frac{1}{n}\right)^2 + \cdots + \left(\frac{n-1}{n}\right)^2\right)$$

$$U(P_n, f) = \frac{1}{n}\left(\left(\frac{1}{n}\right)^2 + \left(\frac{2}{n}\right)^2 + \cdots + \left(\frac{n}{n}\right)^2\right)$$

이므로, 각각 정리하면

$$L(P_n, f) = \frac{(n-1) \cdot n \cdot (2n-1)}{6n^3} \to \frac{1}{3}$$

$$U(P_n, f) = \frac{n \cdot (n+1) \cdot (2n+1)}{6n^3} \to \frac{1}{3}$$

가 된다. 따라서 f는 적분가능하고, 적분값은

$$\int_0^1 x^2\, dx = \lim_n U(P_n, f) = \frac{1}{3}$$

이다. □

연습문제 3.1

1. 만약 다음 식이 적분가능하면, 그 적분값을 구하라.

(1) $\int_{-1}^{1} |x|\,dx$ (2) $\int_{-1}^{1} z^3\,dz$

(3) $\int_{0}^{2} [x]\,dx$ (4) $\int_{a}^{b} c\,dx$

2. 함수 $h: I=[0, 1] \to R$가

$$h(x)=\begin{cases} 0 & x \in Q^c \\ x & x \in Q \end{cases}$$

라 할 때, 다음을 보여라.

$$L(h)=0, \quad U(h)=\frac{1}{2}$$

3. $\int_{1}^{2} x\,dx$와 $\int_{1}^{2} \sqrt{x}\,dx$ 중 어떤 것이 더 큰 적분값을 가지는가?

4. 다음 적분의 상계와 하계를 각각 구하라.

(1) $\int_{1}^{9} \frac{1}{\sqrt{x}}\,dx$ (2) $\int_{0}^{\frac{\pi}{2}} \sin x\,dx$

5. 유계인 함수 $f: I=[a, b] \to R$가 만약

$$f(x) \geq 0 \quad {}^{\forall} x \in I$$

라면, 이때 $L(f) \geq 0$임을 보여라.

3.2 Riemann 적분의 성질

이 절에서는 Riemann 적분의 성질에 관하여 알아보도록 한다. 단조함수 또는 연속인 함수는 적분가능하다라는 사실을 보이기 위해 Riemann 적분법칙을 이용한다.

Riemann 적분의 선형성에 관한 다음 정리를 보자.

정리 3.2.1

만약 두 함수 $f, g : I = [a, b] \to R$가 적분가능하다면, 이때 kf, $f+g$도 I에서 적분가능하고, 다음 두 식

(1) $\displaystyle\int_a^b kf = k\int_a^b f$

(2) $\displaystyle\int_a^b (f+g) = \int_a^b f + \int_a^b g$

가 성립한다.

[증명]

(1) $k > 0$인 경우만 증명한다.

I의 분할 $P = (x_0, x_1, \cdots, x_n)$에 대하여

$$I_k = [x_{k-1}, x_k] \quad \text{for } k = 1, 2, \cdots, n$$

이라 놓으면

$$\sup_{x \in I_k} \{kf(x)\} = k \sup_{x \in I_k} \{f(x)\}$$

$$\inf_{x \in I_k} \{kf(x)\} = k \inf_{x \in I_k} \{f(x)\}$$

가 성립한다. 그런데 f는 I에서 적분가능하므로, Riemann 적분법칙에 의해

$$\sum_{k=1}^{n} (M_k - m_k)(x_k - x_{k-1}) < \frac{\epsilon}{k}$$

$$\left(\text{단, } M_k = \sup_{x \in I_k} f(x) \quad \text{and} \quad m_k = \inf_{x \in I_k} f(x)\right)$$

이다. 따라서

$$\sum_{k=1}^{n} \left(\sup_{x \in I_k} \{kf(x)\} - \inf_{x \in I_k} \{kf(x)\} \right)(x_k - x_{k-1})$$

$$= \sum_{k=1}^{n} (kM_k - km_k)(x_k - x_{k-1}) < \epsilon$$

이므로, 증명되었다.

(2) $$M_k = \sup_{x \in I_k} \{f(x) + g(x)\}, \quad M_k{}' = \sup_{x \in I_k} \{f(x)\}, \quad M_k{}'' = \sup_{x \in I_k} \{g(x)\}$$

$$m_k = \inf_{x \in I_k} \{f(x) + g(x)\}, \quad m_k{}' = \inf_{x \in I_k} \{f(x)\}, \quad m_k{}'' = \inf_{x \in I_k} \{g(x)\}$$

로 표기하면, 다음이 성립함에 유의하라.

$$M_k = \sup_{x \in I_k} \{f(x) + g(x)\} \le \sup_{x \in I_k} \{f(x)\} + \sup_{x \in I_k} \{g(x)\} = M_k{}' + M_k{}''$$

$$m_k{}' + m_k{}'' = \inf_{x \in I_k} \{f(x)\} + \inf_{x \in I_k} \{g(x)\} \le \inf_{x \in I_k} \{f(x) + g(x)\} = m_k$$

그런데 f, g는 적분가능하므로

$$
\begin{aligned}
&\sum_{k=1}^{n}(M_k - m_k)(x_k - x_{k-1}) \\
&\le \sum_{k=1}^{n}\{(M_k' + M_k'') - (m_k' + m_k'')\}(x_k - x_{k-1}) \\
&\le \sum_{k=1}^{n}(M_k' - m_k')(x_k - x_{k-1}) + \sum_{k=1}^{n}(M_k'' - m_k'')(x_k - x_{k-1}) \\
&< \epsilon
\end{aligned}
$$

이다. 따라서 $f+g$는 적분 가능하다. 또한

$$L(P,\ f) + L(P,\ g) \le L(P,\ f+g) \le U(P,\ f+g) \le U(P,\ f) + U(P,\ g)$$

이므로

$$\int f + \int g \le \int f+g \le \int f + \int g$$

가 성립한다. 즉

$$\int f+g = \int f + \int g$$

이다. □

다음 정리는 적분의 성질에 관한 중요한 정리이지만 증명을 생략하기로 한다.

정리 3.2.2

유계인 함수 $f : I = [a,\ b] \to R$에 대하여 다음 두 식은 서로 동치이다.

(1) f는 I에서 적분가능하다.

(2) $a < c < b$인 c에 대하여 f는 $I_1 = [a,\ c]$와 $I_2 = [c,\ b]$에서 적분가능하고

$$\int_a^b f = \int_a^c f + \int_c^b f$$

이다.

정리 3.2.3 (단조함수의 적분가능)

만약 $f : I = [a, b] \to R$가 단조함수이면, 이때 함수 f는 적분가능하다.

정리 3.2.4 (연속함수의 적분가능성)

만약 함수 $f : I = [a, b] \to R$가 연속이면, 이때 함수 f는 적분가능하다.

정리 3.2.5 (결합함수의 정리)

$I = [a, b]$, $J = [c, d]$

함수 $f : I \to R$는 적분가능하고, 함수 $\phi : J \to R$는 연속이며, $f(I) \subseteq J$라 하자. 그러면 결합함수 $\phi \circ f : I \to R$는 적분가능하다.

결합함수의 정리인 [정리 3.2.5]를 이용하여 다음 정리들을 증명하여 보자.

정리 3.2.6

만약 함수 $f : I = [a, b] \to R$가 I에서 적분가능하다면, 이때 함수 $|f|$는 I에서 적분가능하다.

[증명] f는 I에서 적분가능하므로

$$|f(x)| \le M$$

을 만족하는 양수 $M > 0$이 존재한다. 이때

$$\phi(t) = |t| \quad \text{for} \quad [-M, M]$$

로 놓으면 함수 ϕ는 $[-M, M]$에서 연속이다. 따라서 결합함수의 정리에 의해

$$\phi \circ f(x) = |f(x)|$$

는 $I = [a, b]$에서 적분가능하다. □

정리 3.2.7

만약 함수 $f : I = [a, b] \to R$가 I에서 적분가능하다면 자연수 $n \in N$에 대하여

$$f^n(x) = \{f(x)\}^n$$

는 적분가능하다.

【증명】 f는 I에서 적분가능하므로

$$|f(x)| \le M$$

을 만족하는 양수 $M > 0$이 존재한다. 이때

$$\phi(t) = t^n \qquad \text{for } t \in [-M, M]$$

로 놓으면 함수 ϕ는 $[-M, M]$에서 연속이다. 따라서 결합함수의 정리에 의해

$$\phi \circ f(x) = \{f(x)\}^n$$

은 $I = [a, b]$에서 적분가능하다. □

연습문제 3.2

1. 두 함수 f, g는 $I = [a, b]$에서 유계이고

$$f(x) \le g(x) \quad {}^{\forall}x \in I$$

이다. 이때 다음을 보여라.

$$L(f) \le L(g)$$

$$U(f) \le U(g)$$

2. 다음 두 조건을 만족하는 함수 $f: I = [0, 1] \to R$의 예를 들어라.

(1) f는 I에서 적분가능하지 않다.

(2) 함수 $|f|$는 I에서 적분가능하다.

3. [정리 3.2.3]을 증명하라.

4. [정리 3.2.4]를 증명하라.

5. 함수 $f: I = [a, b] \to R$는 유계이고, 오직 I의 내부점 c에서만 불연속이다. 이때 함수 f는 적분가능함을 보여라.

3.3 미적분의 기본정리

이 절에서는 유명한 미적분의 기본정리(Fundamental Theorem of Calculus)를 다룬다. 이 정리에서는 미분과 적분의 관계는 서로 역연산이라는 사실을 강조하고 있다. 미적분의 기본정리는 적분값을 구할 수 있는 강력한 도구이다. 기본정리를 위해 먼저 적분에 관한 평균값정리(Mean Value Theorem for integrals)를 살펴보도록 하자.

정리 3.3.1 **(적분에 관한 평균값정리)**

만약 함수 f가 $I=[a,\ b]$에서 연속이면,

$$\int_a^b f(x)\,dx = f(c)(b-a)$$

를 만족하는 $c \in I$가 존재한다.

[증명] $I=[a,\ b]$에서 f가 연속이므로

$$m \le f(x) \le M \quad \text{for} \quad x \in I$$

를 만족하는 m, M이 존재한다. 따라서

$$\int_a^b m \le \int_a^b f(x)\,dx \le \int_a^b M$$

이고

$$m \le \frac{\int_a^b f(x)\,dx}{b-a} \le M$$

가 성립한다. 그런데 $f(x)$는 I에서 연속이므로

$$\frac{\int_a^b f(x)\,dx}{b-a} = f(c)$$

를 만족하는 $c \in I = [a,\ b]$가 존재한다. □

예제 함수 $f(x) = x \quad \text{for } x \in I = [0,\ 1]$에 대하여 다음 식을 만족하는 $c \in I$를 구하라.

$$\int_0^1 f(x)\,dx = f(c)$$

풀이

$$\int_0^1 f(x)\,dx = \int_0^1 x\,dx = \frac{1}{2}$$

이므로 $f(c) = \frac{1}{2}$로 놓으면

$$c = \frac{1}{2}$$

이다. □

정리 3.3.2 (미적분의 기본정리)

만약 함수 f가 $I = [a,\ b]$에서 연속이면, 이때 함수 $G(x)$

$$G(x) = \int_a^x f(t)\,dt$$

는 I에서 연속이고, $I_1 = (a,\ b)$에서 미분가능하며

$$G'(x) = f(x) \quad \text{for } x \in I_1 = (a,\ b)$$

가 성립한다.

【증명】 임의의 $x \in I = [a, b]$와 h에 대하여, 적분의 평균값정리에 의해

$$G(x+h) - G(x) = \int_a^{x+h} f(t)\,dt - \int_a^x f(t)\,dt$$

$$= \int_x^{x+h} f(t)\,dt$$

$$= h\,f(c)$$

를 만족하는 $c \in [x, x+h]$가 존재한다. 그런데

$$\lim_{h \to 0} G(x+h) - G(x) = \lim_{h \to 0} h \cdot f(c) = 0$$

이므로, 함수 G는 I에서 연속이다.

한편 f는 연속이므로

$$\frac{G(x+h) - G(x)}{h} = f(c) \to f(x) \quad as\ h \to 0$$

가 성립하여, 함수 $G(x)$는 I_1에서 미분가능하며

$$G'(x) = f(x)$$

이다. □

정의 **(역도함수, antiderivative)**

함수 $f : I \to R$에 대하여 만약

$$F'(x) = f(x) \quad \text{for} \quad {}^{\forall} x \in I$$

가 성립하면, 함수 F를 f의 역도함수(antiderivative)라고 정의한다.

[정리 3.3.2]에서 연속인 함수 $f(x)$의 역도함수를 $G(x)$라 표기하였다. 만약 함수 $f(x)$의 또 다른 역도함수를 $F(x)$라 하면

$$G'(x) = f(x)$$

$$F'(x) = f(x)$$

이므로, 적당한 상수 c에 대하여

$$G(x) = F(x) + c$$

가 성립한다. 적분상수 c를 구하기 위해 $x = a$를 대입하면

$$0 = G(a) = F(a) + c$$

이므로

$$c = -F(a)$$

가 된다. 따라서

$$G(x) = F(x) - F(a)$$

로 표현할 수 있다. 다시 말하면 함수 $f(x)$의 여러 역도함수 가운데 하나의 역도함수 $F(x)$를 구하였다면 다음 식으로 쉽게 정적분을 계산할 수 있다.

$$G(x) = \int_a^x f(t)\,dt = F(x) - F(a)$$

예제 $G(x) = \int_1^x t^3\,dt$ 로 놓았을 때 다음에 답하라.

(1) $F(x)$와 F(1)을 구하라.

(2) $G(x)$를 구하라.

(3) 위의 결과를 이용하여 $\int_1^2 t^3\,dt$를 구하라.

풀이 함수 $f(t) = t^3$의 역도함수 중 하나는

$$F(t) = \frac{1}{4}t^4$$

이므로

$$G(x) = \left[\frac{1}{4}t^4\right]_1^x = \frac{1}{4}x^4 - \frac{1}{4} = F(x) - F(1)$$

이 된다. 즉

$$F(x) = \frac{1}{4}x^4, \quad F(1) = \frac{1}{4}$$

$$G(x) = F(x) - F(1) = \frac{1}{4}x^4 - \frac{1}{4}$$

이고, 정적분의 값은 다음과 같다.

$$\int_1^2 t^3\,dt = \left[\frac{1}{4}t^4\right]_1^2 = F(2) - F(1) = 4 - \frac{1}{4} = \frac{15}{4}$$ □

예제 $\int_0^\pi \sin t\,dt$ 를 구하라.

풀이 $f(t) = \sin t$의 역도함수 중 하나는

$$F(t) = -\cos t$$

이므로, 정적분을 구하면

$$\int_0^\pi \sin t\,dt = [F(t)]_0^\pi = [-\cos t]_0^\pi = 1 - (-1) = 2$$

이다. □

예제 함수 $F: I = [0, 1] \to R$에 대하여 F'를 구하라.

(1) $F(x) = \int_0^x \sin t\,dt$ (2) $F(x) = \int_0^{x^2} \frac{dt}{1+t^3}$

풀이

(1) $\sin t$는 $I = [0, 1]$에서 연속이므로, $f(t) = \sin t$의 역도함수를 구하여 미분하면

$$F'(x) = \sin x \quad x \in [0,\ 1]$$

이다.

(2) 함수 $f(t) = \dfrac{1}{1+t^3}$의 역도함수를 $G(x)$라 하면

$$\int_0^{x^2} \frac{dt}{1+t^3} = G(x^2) - G(0)$$

이므로

$$F'(x) = G'(x^2) \cdot 2x = \frac{2x}{1+x^6}$$

이다. □

(1) 적분 방법

미적분의 기본정리를 이용한 적분 방법으로 치환적분(integration by substitution)과 부분적분(integration by parts)에 관하여 학습하기로 한다.

정리 3.3.3 **(치환적분)**

함수 $\phi: J = [\alpha,\ \beta] \to R$는 미분가능하고, 도함수 ϕ'는 연속이라 하자. 만약 함수 f가 $I = \phi(J)$에서 연속이라면,

$$\int_\alpha^\beta f(\phi(t))\,\phi'(t)\,dt = \int_{\phi(\alpha)}^{\phi(\beta)} f(x)\,dx$$

가 성립한다.

【증명】 연속인 함수 f는 적분가능하므로

$$F(x) = \int_{\phi(\alpha)}^{x} f(t)\,dt$$

로 놓으면, $F'(x) = f(x)$가 된다. 또한 함수 $H: J \to R$를

$$H(t) = F(\phi(t))$$

로 정의하면, 도함수 $H'(t)$는

$$H'(t) = f(\phi(t))\phi'(t) \quad \text{for } t \in J$$

이다. 따라서 좌변과 우변을 각각 구하면

$$\text{좌변} = \int_{\alpha}^{\beta} f(\phi(t))\phi'(t)\, dt = H(\beta) - H(\alpha) = F(\phi(\beta)) - F(\phi(\alpha))$$

$$\text{우변} = \int_{\phi(\alpha)}^{\phi(\beta)} f(x)\, dx = |F|_{\phi(\alpha)}^{\phi(\beta)} = F(\phi(\beta)) - F(\phi(\alpha))$$

이므로, 서로 동일함을 알 수 있다. □

예제 $\int_{1}^{5} \frac{t}{1+t^2}\, dt$ 를 구하라.

풀이

$$f(x) = \frac{1}{2(1+x)}$$

$$\phi(x) = t^2$$

으로 놓으면

$$f(\phi(t)) \cdot \phi'(t) = \frac{1}{2(1+t^2)} \cdot 2t$$

가 된다. 따라서 다음이 성립한다.

$$\int_{1}^{5} f(\phi(t)) \cdot \phi'(t)\, dt = \int \frac{1}{2(1+t^2)} \cdot 2t\, dt$$

$$= \int_{1}^{25} \frac{1}{2(1+x)}\, dx = \left|\frac{1}{2}\log(1+x)\right|_{1}^{25} = \frac{1}{2}(\log 26 - \log 2)$$

□

정리 3.3.4 (부분적분)

만약 두 함수 F, G가 $I=[a, b]$에서 연속인 도함수를 가진다면,

$$\int_a^b F'G = F(b)G(b) - F(a)G(a) - \int_a^b FG'$$

가 성립한다.

[증명] 함수 $H(x) = F(x) \cdot G(x)$로 놓으면, H의 도함수 H'는

$$H'(x) = F'(x)G(x) + F(x)G'(x)$$

이므로, H와 H'는 I에서 연속이다. 따라서 미적분의 기본정리에 의해

$$\int_a^b (F'(x)G(x) + F(x)G'(x)) = \int_a^b H'(x) = H(b) - H(a)$$

$$= F(b) \cdot G(b) - F(a) \cdot G(a)$$

이므로, 부분적분의 공식이 유도된다. □

예제 다음을 부분적분을 이용하여 구하라.

$$\int_0^\pi x \cdot \sin x \, dx$$

풀이

$$f'(x) = \sin x$$

$$g(x) = x$$

로 놓으면,

$$f(x) = -\cos x$$

$$g'(x) = 1$$

이므로, 부분적분의 공식을 이용하면

$$\int_0^{\pi} x \cdot \sin x \, dx = [-\cos x \cdot x]_0^{\pi} + \int_0^{\pi} -\cos x \cdot 1 \, dx$$

$$= [\pi + \sin x]_0^{\pi} = \pi$$

이다. □

(2) 이상적분

지금까지는 함수를 적분하기 위하여, 함수가 유계이거나 적분 구간이 유계인 경우를 가정하였지만, 이러한 가정을 만족하지 않는 경우도 종종 있다. 이런 경우 이상적분(improper integral)을 정의하여 보자.

정의 **(이상적분)**

(1) 함수 $f:(a,\ b] \to R$가 임의의 점 $c \in (a,\ b]$인 구간 $[c,\ b]$에서 적분가능하다. 이때 만약 $\lim_{c \to a+} \int_c^b f(x)\,dx$의 값이 존재하면, $(a,\ b]$에서 f의 이상적분을 다음과 같이 정의한다.

$$\int_a^b f(x)\,dx = \lim_{c \to a+} \int_c^b f(x)\,dx$$

위의 정의에서 구간 $(a,\ b]$ 대신 $[a,\ b)$인 경우에도 마찬가지로 정의한다. 즉

$$\int_a^b f(x)\,dx = \lim_{c \to b-} \int_a^c f(x)\,dx$$

(2) 함수 $f:[a,\ \infty) \to R$가 임의의 $c > a$인 구간 $[a,\ c]$에서 적분가능하다. 이때 만약 $\lim_{c \to \infty} \int_a^c f(x)\,dx$의 값이 존재하면, $(a,\ \infty)$에서 f의 이상적분을 다음과 같이 정의한다.

$$\int_a^{\infty} f(x)\,dx = \lim_{c \to \infty} \int_a^c f(x)\,dx$$

위의 정의에서 구간 $[a, \infty)$ 대신 $(-\infty, b]$ 인 경우에도 마찬가지로 정의한다. 즉

$$\int_{-\infty}^{b} f(x)\,dx = \lim_{c \to -\infty} \int_{c}^{b} f(x)\,dx$$

예제 함수 $f: [0, 1] \to R$는 유계가 아니므로 적분가능하지 않다.

$$f(x) = \begin{cases} \dfrac{1}{\sqrt{x}} & 0 < x \leq 1 \\ 0 & x = 0 \end{cases}$$

이때, 이상적분 $\int_{0}^{1} f(x)\,dx$를 구하라.

풀이 임의의 점 $c \in (0, 1]$에 대하여

$$\int_{c}^{1} f(x)\,dx = \int_{c}^{1} \frac{1}{\sqrt{x}}\,dx = |2\sqrt{x}|_{c}^{1} = 2(1 - \sqrt{c}) \to 2 \quad as \quad c \to 0+$$

이므로, $(0, 1]$에서 f의 이상적분은

$$\int_{0}^{1} f(x)\,dx = \lim_{c \to 0+} \int_{c}^{1} f(x)\,dx = 2$$

이다. □

예제 양수 $\alpha > 0$에 대하여 함수 g의 이상적분을 구하라.

$$g(x) = \frac{1}{x^{\alpha}} \quad \text{for } (0, 1] \quad \text{and} \quad \alpha > 0$$

풀이 임의의 점 $c \in (0, 1]$에 대하여

(i) $\alpha = 1$일 때

$$\int_{c}^{1} g(x)\,dx = \int_{c}^{1} \frac{1}{x}\,dx = [\log x]_{c}^{1} = -\log c$$

$$\to \infty \qquad as \qquad c \to 0+$$

이므로, $(0,\ 1]$에서 $\alpha = 1$일 때 이상적분

$$\int_0^1 \frac{1}{x}\,dx$$

은 존재하지 않는다.

(ii) $\alpha > 1$일 때

$$\int_c^1 g(x)\,dx = \int_c^1 \frac{1}{x^\alpha}\,dx = \left[\frac{1}{-\alpha+1}x^{-\alpha+1}\right]_c^1 = \frac{1}{-\alpha+1}(1 - c^{-\alpha+1})$$

$$\to \infty \qquad as \qquad c \to 0+$$

이므로, $(0,\ 1]$에서 $\alpha > 1$일 때 이상적분

$$\int_0^1 \frac{1}{x^\alpha}\,dx$$

는 존재하지 않는다.

(iii) $0 < \alpha < 1$일 때

$$\int_c^1 g(x)\,dx = \int_c^1 \frac{1}{x^\alpha}\,dx = \left[\frac{1}{-\alpha+1}x^{-\alpha+1}\right]_c^1 = \frac{1}{-\alpha+1}(1 - c^{-\alpha+1})$$

$$\to \frac{1}{-\alpha+1} \qquad as \qquad c \to 0+$$

이므로, $(0,\ 1]$에서 $0 < \alpha < 1$일 때 이상적분은

$$\int_0^1 \frac{1}{x^\alpha}\,dx = \frac{1}{-\alpha+1}$$

이다. □

예제 양수 $\alpha > 0$에 대하여 함수 f의 이상적분을 구하라.

$$f(x) = \frac{1}{x^{\alpha}} \qquad \text{for } [1, \infty)$$

풀이 임의의 점 $c > 1$에 대하여

(i) $\alpha = 1$일 때

$$\int_1^c f(x)\,dx = \int_1^c \frac{1}{x}\,dx = [\log x]_1^c = \log c$$

$$\to \infty \qquad as \qquad c \to \infty$$

이므로, $[1, \infty)$에서 $\alpha = 1$일 때 이상적분

$$\int_1^{\infty} \frac{1}{x}\,dx$$

은 존재하지 않는다.

(ii) $\alpha > 1$일 때

$$\int_1^c f(x)\,dx = \int_1^c \frac{1}{x^{\alpha}}\,dx = \left[\frac{1}{-\alpha+1}x^{-\alpha+1}\right]_1^c = \frac{1}{-\alpha+1}(c^{-\alpha+1} - 1)$$

$$\to \frac{-1}{-\alpha+1} \qquad as \qquad c \to \infty$$

이므로, $[1, \infty)$에서 $\alpha > 1$일 때 이상적분은

$$\int_1^{\infty} \frac{1}{x^{\alpha}}\,dx = \frac{1}{\alpha-1}$$

이다.

(iii) $0 < \alpha < 1$일 때

$$\int_1^c f(x)\,dx = \int_1^c \frac{1}{x^{\alpha}}\,dx = \left[\frac{1}{-\alpha+1}x^{-\alpha+1}\right]_1^c = \frac{1}{-\alpha+1}(c^{-\alpha+1} - 1)$$

$$\to \infty \qquad as \qquad c \to \infty$$

이므로, $[1, \infty)$에서 $0 < \alpha < 1$일 때 이상적분

$$\int_1^\infty \frac{1}{x^\alpha}\, dx$$

는 존재하지 않는다. □

위의 결과를 정리하면 다음과 같다.

$$\int_0^1 \frac{1}{x^\alpha}\, dx < \infty \qquad \text{for} \quad \alpha < 1$$

$$\int_1^\infty \frac{1}{x^\alpha}\, dx < \infty \qquad \text{for} \quad \alpha > 1$$

$$\int_0^1 \frac{1}{x}\, dx = \infty, \qquad \int_1^\infty \frac{1}{x}\, dx = \infty$$

정의 함수 $f : I = [a, b] \to R$가 구간 I의 내부점 p의 모든 근방에서 유계이지 않을 경우, I에서의 함수 f의 이상적분은 다음을 만족할 때 존재한다고 정의한다.

(1) 구간 $[a, p)$에서 함수 f의 이상적분이 존재하고,
(2) 구간 (p, b)에서 함수 f의 이상적분이 존재한다.

이 경우, I 에서 함수 f의 이상적분은

$$\int_a^b f(x)\, dx = \int_a^p f(x)\, dx + \int_p^b f(x)\, dx$$

로 정의한다.

예제 $I=[-1,\ 1]$에서 함수 f의 이상적분을 구하라.

$$f(x)=\begin{cases} \dfrac{1}{\sqrt{|x|}} & x \neq 0 \text{ 일 때} \\ 0 & x = 0 \text{ 일 때} \end{cases}$$

풀이 임의의 점 $c>0$에 대하여

$$\int_c^1 f(x)\,dx = \int_c \frac{1}{\sqrt{x}}\,dx = |-2\sqrt{x}\,|_c^1 = 2(1-\sqrt{c})$$

$$\to 2 \qquad as \qquad c \to 0+$$

이므로, $[-1,\ 1]$에서 f의 이상적분은

$$\begin{aligned}\int_{-1}^1 f(x)\,dx &= \int_0^1 f(x)\,dx + \int_{-1}^0 f(x)\,dx \\ &= \int_0^1 \frac{1}{\sqrt{x}}\,dx + \int_{-1}^0 \frac{1}{\sqrt{-x}}\,dx \\ &= \int_0^1 \frac{1}{\sqrt{x}}\,dx + \int_0^{-1} \frac{1}{\sqrt{x}}\,dx = 4\end{aligned}$$

이다. □

정의 $(-\infty,\ \infty)$에서 함수 f의 이상적분은 다음을 만족할 때 존재한다고 정의한다.

(1) 구간 $(-\infty,\ b]$에서 함수 f의 이상적분이 존재하고,

(2) 구간 $[b,\ \infty)$에서 함수 f의 이상적분이 존재한다.

이 경우, $(-\infty,\ \infty)$에서 함수 f의 이상적분은

$$\int_{-\infty}^{\infty} f(x)\,dx = \int_{-\infty}^{b} f(x)\,dx + \int_b^{\infty} f(x)\,dx$$

로 정의한다.

예제 $(-\infty,\ \infty)$에서 함수 f의 이상적분을 구하라.

$$f(x) = \frac{1}{1+x^2}$$

풀이 $c > 0$에 대하여

$$\int_0^c f(x)\,dx = \int_0^c \frac{1}{1+x^2}\,dx = |\tan^{-1}x|_0^c$$

$$= \tan^{-1}c \to \frac{\pi}{2} \quad as \quad c \to \infty$$

이므로, $(-\infty,\ \infty)$에서 함수 f의 이상적분은

$$\int_{-\infty}^{\infty} f(x)\,dx = \int_{-\infty}^{0} f(x)\,dx + \int_0^{\infty} f(x)\,dx$$

$$= 2\int_0^{\infty} f(x)\,dx = \pi$$

이다. □

연습문제 3.3

1. 함수 $G: I=[0,\ 1]\to R$가 주어졌을 때, G'을 구하라.

(1) $G(x)=\displaystyle\int_0^x \sin(t^2)\,dt$ (2) $G(x)=\displaystyle\int_{x^2}^x \sqrt{1+t^2}\,dt$

2. 다음 적분을 구하라.

(1) $\displaystyle\int_0^1 x\sqrt{1+x^2}\,dx$ (2) $\displaystyle\int_1^2 \frac{\sqrt{x-1}}{x}\,dx$

(3) $\displaystyle\int_0^2 \frac{1}{2+\sqrt{x}}\,dx$ (4) $\displaystyle\int_0^{\sqrt{\pi}} x^2\cos x^3\,dx$

3. 함수 $f: I=[a,\ b]\to R$는 연속이고, 함수 $H: I\to R$은

$$H(x)=\int_x^b f \qquad \text{for} \quad x\in I$$

일 때, $H'(x)$를 구하라.

4. 다음 적분의 값이 수렴하는 경우, 그 값을 구하라.

(1) $\displaystyle\int_0^1 \log x\,dx$ (2) $\displaystyle\int_1^2 \frac{x}{\sqrt{x-1}}\,dx$

5. 다음 적분의 값이 수렴하는 경우, 그 값을 구하라.

(1) $\displaystyle\int_0^\infty \frac{1}{\sqrt{e^x}}\,dx$ (2) $\displaystyle\int_2^\infty \frac{\log x}{x}\,dx$

(3) $\displaystyle\int_{-1}^1 \frac{1}{\sqrt{1-x^2}}\,dx$ (4) $\displaystyle\int_0^\infty \frac{1}{\sqrt{x}\,(x+4)}\,dx$

3.4 적분의 근사값

미적분의 기본정리는 정적분을 계산하는 데 유용한 도구이지만, 적분가능한 피적분함수의 역도함수를 찾아야 하는 제약이 있다. 역도함수를 찾을 수 없는 경우, 적분의 근사값을 구하는 다양한 방법들이 있다. 이 절에서는 사다리꼴 공식과 심프슨의 정리 등 몇 가지 유용한 방법에 관하여 논할 것이다.

정적분 $\int_a^b f(x)\,dx$의 근사값을 위하여, 만약 함수 g와 h의 적분값을 구할 수 있고, 또한

$$g(x) \le f(x) \le h(x) \quad \text{for} \quad x \in [a,\ b]$$

이면, 이때 함수 f의 정적분은

$$\int_a^b g(x)\,dx \le \int_a^b f(x)\,dx \le \int_a^b h(x)\,dx$$

를 만족한다.

예제 다음 적분의 근사값을 구하라.

$$\int_0^1 e^{-x^2}\,dx$$

풀이 임의의 값 $x \in [0,\ 1]$에 대하여

$$0 \le x^2 \le x$$
$$\Rightarrow$$
$$0 \ge -x^2 \ge -x$$
$$\Rightarrow$$
$$1 \ge e^{-x^2} \ge e^{-x}$$
$$\Rightarrow$$
$$1-\frac{1}{e} = \int_0^1 e^{-x}\,dx \le \int_0^1 e^{-x^2}\,dx \le \int_0^1 1\,dx = 1$$

이므로, 상한과 하한의 평균

$$1-\frac{1}{2e} = 0.816$$

을 근사값으로 사용한다. □

Taylor 정리를 이용하여 e^{-x^2}의 근사값으로 다항식을 사용하여 보자. Taylor 정리를 적용하면

$$e^{-y} = 1-y+\frac{y^2}{2!}-\frac{y^3}{3!}+R_3 \qquad \text{for} \quad y\in[0,\ 1]$$

$$\left(\text{단},\ R_3 = \frac{e^{-c}\cdot y^4}{24} \qquad {}^{\exists}c \in [0,\ 1]\right)$$

이므로,

$$e^{-x^2} = 1-x^2+\frac{x^4}{2!}-\frac{x^6}{3!}+R_3 \qquad \text{for} \quad x\in[0,\ 1]$$

$$\left(\text{단},\ R_3 = \frac{e^{-c}\cdot x^8}{24}\text{이므로}, \qquad |R_3| \le \frac{x^8}{24}\right)$$

가 된다. 따라서 다음을 얻는다.

$$\int_0^1 e^{-x^2}\,dx = \int_0^1\left(1-x^2+\frac{x^4}{2!}-\frac{x^6}{3!}\right)dx + \int_0^1 R_3\,dx$$
$$= 1-\frac{1}{3}+\frac{1}{10}-\frac{1}{42}+\int_0^1 R_3\,dx$$

이때

$$0 \leq \int_0^1 R_3\, dx \leq \int_0^1 \frac{x^8}{24}\, dx = \frac{1}{216} < 0.005$$

이므로, 근사값은

$$\int_0^1 e^{-x^2}\, dx \cong \frac{25}{36} = 0.7429$$

이며, 오차한계는 0.005이다.

이 방법은 위의 예보다 더 정밀한 결과를 보여준다.

(1) 사다리꼴 법칙

연속인 함수 $f: I = [a, b] \to R$를 n조각의 선형함수로 근사하여 곡선 아래의 면적을 구하는 방법이 사다리꼴 법칙(Trapezoidal Rule)이다.

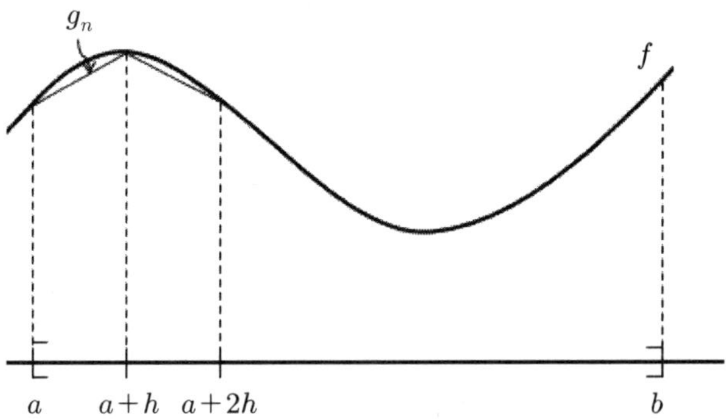

[그림 4.4.1]

구간 $I = [a, b]$를 n개의 소구간으로 나누는 분할 p_n

$$p_n = (a,\ a+h, a+2h, \cdots, a+nh = b), \qquad h = \frac{b-a}{n}$$

에 대하여 점 $(a+kh, f(a+kh))$ $k=0,1,\cdots,n$를 지나는 선형함수 g_n으로 함수 f를 근사하여 보자([그림 4.4.1]). 만약 함수 f가 비교적 완만하고 자연수 n이 충분히 크면, $\int_a^b f(x)\,dx$는 $\int_a^b g_n(x)\,dx$와 근사적으로 비슷할 것이다.

함수 g_n은 k번째 소구간 $[a+(k-1)h,\ a+kh]$에서 선형이므로, 이 소구간에서 g_n의 적분값은 사다리꼴의 면적으로

$$\int_{a+(k-1)h}^{a+kh} g_n(x)\,dx = \frac{1}{2}h\left[f(a+(k-1)h)+f(a+kh)\right] \qquad \text{for} \quad k=1,2,\cdots,n$$

이므로, 구간 $I=[a,\ b]$에서 함수 f의 근사값은

$$\int_a^b g_n(x)\,dx = \frac{h}{2}\left[f(a)+2f(a+h)+\cdots+2f(a+(n-1)h)+f(b)\right]$$

가 되며, 이를 사다리꼴 공식이라 한다.

예제 다음 적분의 값을 $n=10$인 사다리꼴 법칙을 이용하여 근사하라.

$$\int_0^1 e^{-\frac{1}{2}x^2}\,dx$$

풀이 $f(x)=e^{-\frac{1}{2}x^2}$, $h=\dfrac{1}{10}$이므로

$$\begin{aligned}\int_0^1 g_{10}(x)\,dx &= \frac{h}{2}\left[f(a)+2f(a+h)+\cdots+2f(a+(n-1)h)+f(b)\right]\\ &= \frac{1}{20}\left[f(0)+2f(0.1)+\cdots+2f(0.9)+f(1)\right]\\ &= \frac{1}{20}\left[1+2\left(e^{-\frac{1}{2}(0.1)^2}+\cdots+e^{-\frac{1}{2}(0.9)^2}\right)+e^{-\frac{1}{2}}\right]\end{aligned}$$

이다. □

(2) Simpson의 법칙

사다리꼴 법칙보다 더 나은 근사방법으로 Simpson의 법칙(Simpson's Rule)이 있다. 사다리꼴 법칙은 함수 f를 근사하기 위해 선형함수를 사용하였지만, Simpson의 법칙은 포물선들의 합을 사용하여 함수 f를 근사한다.

만약 세 점 $(-h,\ y_0)$, $(0,\ y_1)$, $(h,\ y_2)$이 주어졌을 때, 세 점을 지나는 이차함수 $q(x)=ax^2+bx+c$를 가정한다면 다음이 성립한다.

$$\int_{-h}^{h} q(x)\,dx = \frac{h}{3}(y_0+4y_1+y_2)$$

즉, 막대기둥의 평균높이는 $\frac{1}{6}(y_0+4y_1+y_2)$가 된다.

함수 f가 구간 $[a,\ b]$에서 연속이고 자연수 n이 짝수라고 하자. 두 소구간 $[a,\ a+h]$, $[a+h,\ a+2h]$에서 함수 f를 이차함수 $q(x)$로 근사하면

$$\int_{a}^{a+2h} q(x)\,dx = \frac{h}{3}[f(a)+4f(a+h)+f(a+2h)]$$

이므로, Simpson 정리는

$$\int_a^b f(x)\,dx$$

$$\cong \frac{h}{3}[f(a)+4f(a+h)+2f(a+2h)+4f(a+3h)+2f(a+4h)+\cdots$$

$$+2f(b-2h)+4f(b-h)+f(h)]$$

이다.

예제 다음 적분의 값을 $n=10$인 Simpson 정리를 이용하여 근사하라.

$$\int_0^1 e^{-\frac{1}{2}x^2}\,dx$$

풀이 $f(x) = e^{-\frac{1}{2}x^2}$, $h = \frac{1}{10}$이므로

$$\int_0^1 f(x)\,dx$$

$$\cong \frac{h}{3}[f(0) + 4f(0.1) + 2f(0.2) + 4f(0.3) + 2f(0.4) + \cdots$$

$$+ 2f(0.8) + 4f(0.9) + f(1)]$$

$$= \frac{1}{30}[1 + 4e^{-\frac{1}{2}(0.1)^2} + 2e^{-\frac{1}{2}(0.2)^2} + 4e^{-\frac{1}{2}(0.3)^2} + 2e^{-\frac{1}{2}(0.4)^2} + \cdots$$

$$+ 2e^{-\frac{1}{2}(0.8)^2} + 4e^{-\frac{1}{2}(0.9)^2} + e^{-\frac{1}{2}}]$$

이다. □

연습문제 3.4

1. 다음 질문에 답하라.

1) 사다리꼴 법칙과 Simpson에서의 법칙을 이용하여, 다음 근사값을 각각 구하라.

2) 정적분을 하여 정확한 값과 비교하라.

(1) $\int_0^1 x^2\,dx$ (4구간)　　(2) $\int_1^2 \frac{1}{x^2}\,dx$ (6구간)

(3) $\int_1^e \log x\,dx$ (6구간)　　(4) $\int_0^1 \frac{1}{1+x^2}\,dx$ (8구간)

2. 사다리꼴 법칙과 Simpson의 법칙을 이용하여 근사값을 각각 구하라.

(1) $\int_{-1}^1 e^{-x^2}\,dx$ (6구간)　　(2) $\int_0 \sqrt{\log x}\,dx$ (6구간)

3. 세 점 $(-h,\ y_0)$, $(0,\ y_1)$, $(h,\ y_2)$을 지나는 이차함수 $q(x) = ax^2 + bx + c$를 가정할 때 다음을 보여라.

$$\int_{-h}^{h} q(x)\,dx = \frac{h}{3}(y_0 + 4y_1 + y_2)$$

4장

수열과 급수

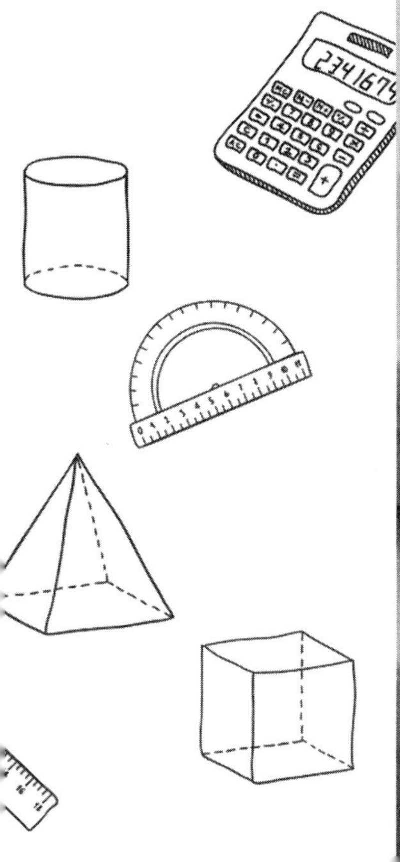

이 장에서는 수열과 그 극한에 대하여 공부한다. 수열의 수렴뿐 아니라 급수에 관하여 다룰 예정이다. 무한급수로 표현할 수 있는 함수를 예를 통하여 공부한다.

4.1 수열과 극한

수열(a sequence)이란 끝없이 이어지는 수의 열을 말하고, 수열의 한 개 한 개를 수열의 항(term), 값(values) 또는 요소(element)라 부른다.

정의 **(수열)**

실수의 수열이란 정의역이 자연수의 집합 N, 치역이 실수의 집합 R에 포함되는 함수를 말한다. 함수가 취하는 값들을 수열의 항이라 정의한다.

수열은

$$A,\ (a_n),\ (a_n :\ n \in N)$$

등으로 표기한다.

예제 다음 수열들의 합을 적어라.

(1) $A = (a^n :\ n \in N)$　　(2) $B = (b :\ n \in N)$

(3) 피보나치 수열 (*the Fibonacci sequence*) F

$$f_1 = 1,\ f_2 = 1,\ f_{n+1} = f_{n-1} + f_n \quad (n \geq 2)$$

풀이 (1) $A = (a,\ a^2,\ a^3, \cdots, a^n, \cdots)$

(2) $B = (b,\ b,\ b, \cdots)$

(3) $F = (1,\ 1,\ 2,\ 3,\ 5,\ 8,\ 13,\ 21,\ 34, \cdots)$

□

정의 **(수열의 사칙)**

만약 $A=(a_n)$과 $B=(b_n)$이 실수의 수열이라면

(1) $A+B=(a_n+b_n : n\in N)$: 수열의 합(sum)

(2) $A-B=(a_n-b_n : n\in N)$: 수열의 차(difference)

(3) $A \cdot B=(a_n b_n : n\in N)$: 수열의 곱(product)

(4) $cA=(ca_n : n\in N)$: 상수 c의 곱

이라 정의하고, 만약 $C=(c_n)$이 $c_n \neq 0$인 실수의 수열이라면

(5) $A/C=(a_n/c_n : n\in N)$: 수열의 몫(quotient)

이라 정의한다.

이제 수열의 극한을 정의하여 보자.

정의 **(수열의 극한)**

실수의 수열 $X=(x_n)$
만약 임의의 양수 ε에 대하여, 자연수 N이 존재하여

$$n \geq N \Rightarrow |x_n - x| < \varepsilon$$

이면, 수열 $X=(x_n)$의 극한값을 x라 정의하고, 다음과 같이 표기한다.

$$\lim_{n\to\infty} x_n = x$$

수열 X가 x로 수렴한다(converge)고 표현한다. 만약 수열이 극한값을 가지면 수열은 수렴한다고, 그렇지 않으면 발산한다(diverge)고 한다.

예제 다음을 보여라.

(1) $\lim\left(\frac{1}{n}\right)=0$ (2) $\lim\left(\frac{1}{n^2}\right)=0$

풀이

(1) 임의의 양수 ε을 잡으면, Archimedean 성질에 의하여

$$\frac{1}{N} < \varepsilon$$

을 만족하는 자연수 N이 존재한다. 따라서

$$n \geq N \Rightarrow \frac{1}{n} \leq \frac{1}{N} < \varepsilon$$

이므로

$$n \geq N \Rightarrow \left|\frac{1}{n} - 0\right| < \varepsilon$$

이다.

(2) 임의의 양수 ε에 대하여

$$n \geq N \Rightarrow \left|\frac{1}{n^2} - 0\right| = \frac{1}{n^2} < \varepsilon$$

를 만족하는 자연수 N이 존재함을 보이면 된다. 그런데 (1)에 의해

$$n \geq N \Rightarrow \frac{1}{n} < \varepsilon$$

이므로, ε이 매우 작은 양수일 때

$$n \geq N \Rightarrow \frac{1}{n} < \varepsilon < \sqrt{\varepsilon}$$

$$\Leftrightarrow$$

$$n \geq N \Rightarrow \frac{1}{n^2} < \varepsilon^2 < \varepsilon$$

가 성립한다. □

(1) 극한의 정리

실수 수열의 극한값을 얻기 위하여 여러 사실들을 필요로 하는데, 다음 정의를 보자.

정의 (유계, bounded)

실수 수열 $X=(x_n)$에 대하여 만약 실수 M이 존재하여

$$|x_n| \leq M \quad {}^{\forall} n \in N$$

을 만족하면, 수열 $X=(x_n)$을 유계라고 정의한다.

정리 4.1.1

만약 실수 수열 $X=(x_n)$이 수렴하면, 그 수열은 유계이다.

[증명] $\lim(x_n)=x$이고, $\varepsilon = 1$이라 놓자. 수열의 극한 정의에 의해, 자연수 N이 존재하여

$$n \geq N \Rightarrow |x_n - x| < 1$$

이다. 그러므로 삼각부등식에 의해 다음이 성립한다.

$$n \geq N \Rightarrow |x_n| < |x| + 1$$

만약

$$M = sup\{|x_1|, |x_2|, \cdots, |x_{n-1}|, |x|+1\}$$

이라면

$$|x_n| \leq M \quad {}^{\forall} n \in N$$

이 성립한다. □

수열의 극한에 관한 몇 가지 정리를 보자.

정리 4.1.2

만약 실수 수열 $X=(x_n)$과 $Y=(y_n)$이 각각 x와 y에 수렴하고, $c \in R$이라면

(1) $x_n \pm y_n \to x \pm y$

(2) $x_n \cdot y_n \to x \cdot y$

(3) $cx_n \to cx$

가 각각 성립하고, 만약 실수 수열 $Z=(z_n)$이 $z_n \neq 0$이고 $z(\neq 0)$에 수렴한다면

(4) $\dfrac{x_n}{z_n} \to \dfrac{x}{z}$

가 성립한다.

[증명]

(2) $x_n y_n \to xy$를 보이기 위하여 전개하면

$$\begin{aligned}|x_n y_n - xy| &= |x_n y_n - x_n y + x_n y - xy| \\ &\leq |x_n||y_n - y| + |x_n - x||y|\end{aligned}$$

이고, $M=\max(M_1, |y|)$로 놓으면 [정리 4.1.1]에 의해

$$|x_n| = M_1 \leq M \quad \text{for } all \ \ n \leq N$$

$$|y| = M$$

이므로 다음을 얻는다.

$$|x_n y_n - xy| \leq M|y_n - y| + M|x_n - x|$$

수열 X와 Y는 각각 수렴하므로, 임의의 양수 ε에 대하여 자연수 K_1, K_2가 존재하여

$$n \geq K_1 \Rightarrow |x_n - x| < \frac{\varepsilon}{2M}$$

$$n \geq K_2 \Rightarrow |y_n - y| < \frac{\varepsilon}{2M}$$

가 성립하므로, $K = \max(K_1,\ K_2)$로 놓으면

$$n \geq K \Rightarrow |x_n y_n - xy| \leq M|y_n - y| + M|x_n - x|$$

$$\leq M\frac{\varepsilon}{2M} + M\frac{\varepsilon}{2M} = \varepsilon$$

이다. 그런데 양수 ε은 임의의 수이므로, $x_n y_n \to xy$이다. □

그 밖의 다른 성질의 증명은 Bartle and Sherbert(1982)를 참고하라.

정리 4.1.3

만약 실수 수열 $X = (x_n)$이 수렴하고

$$x_n \geq 0 \quad \text{for } all \quad n \in N$$

이면,

$$\lim x_n = x \geq 0$$

이다.

[증명] 결론이 성립하지 않는다고 가정하자. 즉 $x < 0$이라 하고, $\varepsilon = -x > 0$로 놓는다. X는 x로 수렴하므로, 자연수 N이 존재하여 다음이 성립한다.

$$x - \varepsilon < x_n < x + \varepsilon \qquad {}^{\forall} n \geq N$$

따라서

$$x_N < x + \varepsilon = 0$$

를 만족하는 x_N이 존재하므로, 이는 가정 $x_n \geq 0 \ \ {}^{\forall} n \in N$에 대한 모순이다. 그러므로 $x \geq 0$이다. □

정리 4.1.4 (조임정리, Squeeze Theorem)

실수의 세 수열 $X=(x_n)$, $Y=(y_n)$, $Z=(z_n)$에 대하여

$$x_n \le y_n \le z_n \quad {}^\forall n \in N$$

$$\lim x_n = \lim z_n$$

을 가정하면, $Y=(y_n)$은 수렴하고

$$\lim x_n = \lim y_n = \lim z_n$$

이 성립한다.

[증명] $\lim x_n = \lim z_n = w$라 놓으면, 임의의 $\varepsilon > 0$에 대하여 자연수 K가 존재하여

$$n \ge K \Rightarrow |x_n - w| < \varepsilon \;\; \& \;\; |z_n - w| < \varepsilon$$

가 성립한다. 이때 가정에 의해

$$x_n - w \le y_n - w \le z_n - w \quad {}^\forall n \in N$$

이므로

$$|y_n - w| \le \max\{|x_n - w|, |z_n - w|\} < \varepsilon \quad {}^\forall n \in N$$

이다. 그런데 $\varepsilon > 0$은 임의의 양수이므로, $\lim y_n = w$이다. □

예제 다음을 보여라.

(1) $\lim\left(\dfrac{2n}{n^2+3}\right) = 0$　　(2) $\lim\left(\dfrac{\sin n}{n}\right) = 0$

풀이

(1) $$\frac{2n}{n^2+3} = \frac{2/n}{1+3/n^2}$$

이므로, [정리 4.1.2]에 의해

$$\lim\left(\frac{2n}{n^2+3}\right) = \lim\left(\frac{2/n}{1+3/n^2}\right) = \frac{\lim(2/n)}{\lim(1+3/n^2)} = 0$$

이다.

(2) $$-1 \le \sin n \le 1$$

이므로, 양변을 n으로 나누면

$$\frac{-1}{n} \le \frac{\sin n}{n} \le \frac{1}{n} \qquad {}^{\forall} n \in N$$

이다. 따라서 조임정리를 적용하면, 다음을 보일 수 있다.

$$\frac{\sin n}{n} \to 0$$

□

(2) 단조수열

정의 만약 실수 수열 $X = (x_n)$이

$$x_1 \le x_2 \le \cdots \le x_n \le x_{n+1} \le \cdots$$

이면, 수열 X는 증가한다(increasing)고 하고 만약

$$x_1 \ge x_2 \ge \cdots \ge x_n \ge x_{n+1} \ge \cdots$$

이면, 수열 X는 감소한다(decreasing)고 정의한다. 수열 X가 증가하거나 감소하는 경우, X는 단조한다(monotone)고 말한다.

정리 4.1.5 (단조수렴정리, Monotone Convergence Theorem)

만약 실수의 단조수열이 수렴하면, 이때 그 수열은 유계이다. 또한 그 역인, 실수의 단조수열이 유계이면, 그 수열은 수렴한다.
더 나아가

(1) 만약 단조수열 $X=(x_n)$이 유계이고 증가하면,

$$\lim x_n = sup\{x_n\}$$

(2) 만약 단조수열 $Y=(y_n)$이 유계이고 감소하면,

$$\lim y_n = inf\{y_n\}$$

[증명] [정리 4.1.1]에서, 수렴하는 수열은 유계임을 보였다. 역으로 수열 $X=(x_n)$이 유계이며 단조한다고 가정하자. 그렇다면 수열 X는 증가하거나 또는 감소할 것이다.

(1) 수열 X가 증가하고, 유계인 경우
수열 X는 유계이므로, 실수 M이 존재하여

$$x_n \le M \qquad {}^{\forall} n \in N$$

이다. 상한의 원리(the Supremum Principle)에 의해, 상한 x^*가

$$x^* = sup\{x_n : n \in N\}$$

존재한다. 이때 다음을 보인다.

$$x^* = \lim x_n$$

만약 ε이 양수라면, $x^* - \varepsilon$는 집합 $\{x_n : n \in N\}$의 상계(the upper bound)는 아니다. 따라서

$$x^* - \varepsilon < x_K$$

를 만족하는 자연수 K가 존재한다. 그런데 (x_n)은 증가하므로

$$x^* - \varepsilon < x_K \leq x_n \leq x^* \qquad {}^\forall n \geq K$$

$$\Rightarrow$$

$$|x_n - x^*| < \varepsilon \qquad {}^\forall n \geq K$$

이다. 이때 $\varepsilon > 0$는 임의의 수이므로, $x_n \rightarrow x^*$이다.

(2) 수열 $Y = (y_n)$이 감소하고, 유계인 경우

$$X = -Y = -(y_n)$$

로 놓으면, 수열 X는 증가하고 유계이다. 그런데 (1)과 극한의 성질에 의해

$$\lim x_n = sup\{-y_n : n \in N\}$$

$$\lim x_n = -\lim y_n$$

이고, 상한-하한의 법칙에 의해

$$sup\{-y_n : n \in N\} = -inf\{y_n : n \in N\}$$

이므로

$$\lim y_n = inf\{y_n : n \in N\}$$

이다. □

단조수렴정리에 의해 유계인 단조수열은 수렴함을 알 수 있다. 또한 유계인 단조수열의 상한 또는 하한을 계산함으로써, 그 수열의 극한값을 구할 수 있다.

예제 수열 e_n에 대하여 다음을 보여라.

$$e_n = \left(1 + \frac{1}{n}\right)^n$$

(1) $\{e_n\}$은 증가한다.

(2) $e_n \leq 3 \qquad {}^\forall n \in N$

풀이

(1) 이항정리를 사용하여 전개한다.

$$e_n = \left(1+\frac{1}{n}\right)^n = 1+{}_nC_1\left(\frac{1}{n}\right)+{}_nC_2\left(\frac{1}{n}\right)^2+{}_nC_3\left(\frac{1}{n}\right)^3+\cdots+{}_nC_2\left(\frac{1}{n}\right)^n$$

$$= 1+n\cdot\frac{1}{n}+\frac{n(n-1)}{2!}\left(\frac{1}{n}\right)^2+\frac{n(n-1)(n-2)}{3!}\left(\frac{1}{n}\right)^3+\cdots+\frac{n!}{n!}\left(\frac{1}{n}\right)^n$$

$$= 1+1+\frac{1}{2!}\cdot\frac{n}{n}\left(1-\frac{1}{n}\right)+\frac{1}{3!}\cdot\frac{n}{n}\left(1-\frac{1}{n}\right)\left(1-\frac{2}{n}\right)$$

$$+\cdots+\frac{1}{n!}\cdot\frac{n}{n}\left(1-\frac{1}{n}\right)\left(1-\frac{2}{n}\right)\cdots\left(1-\frac{n-1}{n}\right)$$

비슷한 방법으로 전개한다.

$$e_{n+1} = 1+1+\frac{1}{2!}\cdot\frac{n+1}{n+1}\left(1-\frac{1}{n+1}\right)+\frac{1}{3!}\cdot\frac{n+1}{n+1}\left(1-\frac{1}{n+1}\right)\left(1-\frac{2}{n+1}\right)$$

$$+\cdots+\frac{1}{(n+1)!}\cdot\frac{n+1}{n+1}\left(1-\frac{1}{n+1}\right)\left(1-\frac{2}{n+1}\right)\cdots\left(1-\frac{n}{n+1}\right)$$

이때 e_{n+1}의 항의 수는 $n+2$로 e_n의 항의 수보다 하나 더 많고, e_n의 각 항은 e_{n+1}의 각 항보다 크지 않으므로

$$e_n < e_{n+1} \qquad {}^{\forall}n\in N$$

가 성립한다.

(2) (1)과 공식 $2^{p-1}\le p!$에 의해

$$e_n \le 1+1+\frac{1}{2!}+\frac{1}{3!}+\cdots+\frac{1}{n!}$$

$$\le 1+1+\frac{1}{2}+\cdots+\frac{1}{2^{n-1}}$$

이므로, 다음이 성립한다.

$$e_n \leq 1 + \frac{1 - \left(\frac{1}{2}\right)^n}{1 - \frac{1}{2}} \leq 3 \qquad \square$$

e_n은 증가하고 위로 유계(bounded above)인 수열이므로, 단조수렴정리에 의해 수렴한다. 이 극한값이 바로 유명한 오일러의 수(Euler number) $e = 2.71828\cdots$이다. 자연로그의 밑수로도 사용되는 오일러의 수 e와 더불어 π는 유명한 무리수로 초월수(transcendental numbers)라 불린다.

연습문제 4.1

1. $\varepsilon - N$을 이용하여 다음을 보여라.

(1) $\lim\left(\frac{3n+2}{2n+3}\right) = \frac{3}{2}$ (2) $\lim\left(\frac{1}{3^n}\right)$

2. 본문 [정리 4.1.2]의 (1), (3), (4)를 보여라.

3. 다음을 보여라.

(1) $\lim (2n)^{\frac{1}{n}} = 0$ (2) $\lim\left(\frac{n^2}{n!}\right) = 0$

4. 두 수열 X, Y는 각각 발산하지만, 합 $X+Y$가 수렴하는 경우의 예를 들어라.

5. 두 수열 X, Y는 각각 발산하지만, 곱 $X \cdot Y$는 수렴하는 경우의 예를 들어라.

6. $x_n = \sqrt{n+2} - \sqrt{n}$ 일 때, 수열 x_n과 $\sqrt{n}\,x_n$이 각각 수렴함을 보여라.

7. $y_1 = 3$, $y_{n+1} = \sqrt{2+y_n}$ for $n \geq 1$. 이때 수열 (y_n)이 수렴함을 보이고, 그 극한값을 구하라.

8. 만약 다음 수열의 극한값이 존재한다면, 그 값을 구하라.

(1) $\left(1+\frac{1}{n+1}\right)^n$ (2) $\left(1-\frac{1}{n}\right)^{n+1}$

9. $\lim_{x\to\infty}\left(1+\frac{1}{x}\right)^x = e$ 임을 보여라.

4.2 급수

급수(series)란 수열의 합을 나타낸다. 수열 (a_n)에 대하여 처음 n항까지의 합을

$$S_n = a_1 + a_2 + \cdots + a_n$$

이라 할 때, 주어진 수열의 합

$$S_1 = a_1,\ S_2 = a_1 + a_2,\ S_3 = a_1 + a_2 + a_3, \cdots,\ S_n = a_1 + a_2 + a_3 + \cdots + a_n, \cdots$$

을 급수라 한다. 때때로 급수의 처음 항이 a_1이 아닌 경우도 있다. 예를 들어,

$$\sum_{k=0}^{\infty}\left(\frac{1}{2}\right)^k,\ \sum_{k=2}^{\infty}\left(\frac{1}{\ln k}\right)$$

등이다.

정의 (무한급수, infinite series)

만약 $A = (a_n)$이 실수에서의 수열이라면, 무한개의 합

$$\sum_{k=1}^{\infty} a_k = a_1 + a_2 + a_3 + \cdots + a_n + \cdots$$

를 무한급수(infinite series) 또는 급수(series)라 하며, a_n을 각 항(term)이라 한다.

급수의 처음부터 n항까지의 합

$$S_n = \sum_{k=1}^{n} a_k$$

을 n번째 부분합(the n-th partial sum)이라 정의한다. 만약 부분합의 수열 $\{S_n\}$이

$$S_n \to L$$

로 수렴하면, 이때 무한급수 $\sum_{k=1}^{\infty} a_k$는 수렴한다고 하며 L을 무한급수의 합(sum)이라 하고, 다음과 같이 표기한다.

$$\sum_{k=1}^{\infty} a_k = L$$

그렇지 않으면, 급수 $\sum_{k=1}^{\infty} a_k$는 발산한다(diverge)고 한다.

예제 다음 무한급수의 합을 구하라.

$$\sum_{k=1}^{\infty} \frac{1}{k(k+1)}$$

풀이 n번째 부분합 S_n은

$$\begin{aligned} S_n &= \sum_{k=1}^{n} \frac{1}{k(k+1)} = \sum_{k=1}^{n} \left(\frac{1}{k} - \frac{1}{k+1}\right) \\ &= \left(1 - \frac{1}{2}\right) + \left(\frac{1}{2} - \frac{1}{3}\right) + \left(\frac{1}{3} - \frac{1}{4}\right) + \cdots + \left(\frac{1}{n} - \frac{1}{n+1}\right) \\ &= 1 - \frac{1}{n+1} \end{aligned}$$

이므로, S_n은

$$S_n \to 1$$

로 수렴한다. 즉 $\sum_{k=1}^{\infty} \frac{1}{k(k+1)} = 1$이다. □

급수의 수렴 여부를 따지는 것은 중요하다. 왜냐하면 어떤 함수들을 특정한 급수의 형태로 전개할 수 있으려면, 그 급수가 수렴하여야 하기 때문이다.

정리 4.2.1

만약 두 급수 $\sum a_n$, $\sum b_n$이 수렴한다면,

(1) 급수 $\sum (a_n \pm b_n)$도 수렴하고, 다음이 성립한다.

$$\sum_{n=1}^{\infty}(a_n \pm b_n) = \sum_{n=1}^{\infty}(a_n) \pm \sum_{n=1}^{\infty}(b_n)$$

(2) 상수 c에 대해, 급수 $\sum (c x_n)$도 수렴하고,

$$\sum_{n=1}^{\infty}(c x_n) = c\sum_{n=1}^{\infty} x_n$$

이다.

【증명】 무한급수의 정의와 [정리 4.1.2]를 보라. □

정리 4.2.2

만약 실수의 급수 $\sum (a_n)$가 수렴하면,

$$\lim a_n = 0$$

이다.

【증명】 정의에 의해, $\sum a_n$이 수렴함은 $\lim S_n$의 값이 존재함을 의미한다. 그런데 $x_n = S_n - S_{n-1}$이므로,

$$\lim x_n = \lim (S_n - S_{n-1}) = \lim S_n - \lim S_{n-1} = 0$$

이다. □

만약 급수 $\sum a_n$이 수렴하면, $\lim a_n = 0$이어야 하지만, 역은 반드시 성립하지는 않는다.

정리 4.2.3 (급수에 관한 Cauchy 정리)

다음 두 식은 서로 동치이다.

(1) 실수의 급수 $\sum(x_n)$은 수렴한다.

(2) 임의의 양수 $\varepsilon > 0$에 대하여, 자연수 M이 존재하여 만약 $m \ge n \ge M$이면 다음이 성립한다.

$$|S_m - S_n| = |x_{n+1} + x_{n+2} + \cdots + x_m| < \varepsilon$$

정리 4.2.4 (비교판정법, Comparison Test)

각 항 $a_n \ge 0$인 급수에 대하여(N은 자연수)

(1) 만약 급수 $\sum_{k=1}^{\infty} b_k$가 수렴하고

$$a_k \le b_k \quad \text{for} \quad k \ge N$$

이면, 급수

$$\sum_{k=1}^{\infty} a_k$$

는 수렴한다.

(2) 만약 급수 $\sum_{k=1}^{\infty} c_k$가 발산하고

$$a_k \ge c_k \ge 0 \quad \text{for} \quad k \ge N$$

이면, 급수

$$\sum_{k=1}^{\infty} a_k$$

는 발산한다.

[증명] 급수 $\sum_{k=N+1}^{\infty} a_k$의 수렴 여부를 조사해도 충분하다.

(1) $\sum_{k=N+1}^{\infty} b_k$가 수렴하므로, b_n의 부분합

$$T_n = \sum_{k=N+1}^{n} b_k$$

는 유계이다. 그런데

$$S_n = \sum_{k=N+1}^{n} a_k \le T_n = \sum_{k=N+1}^{n} a_k$$

이므로, S_n은 유계가 된다. 또한 S_n은 증가하므로, $S_n = \sum_{k=N+1}^{n} a_k$ 은 수렴한다.

(2) $\sum_{k=N+1}^{n} c_k$는 발산하므로, c_n의 부분합

$$U_n = \sum_{k=N+1}^{n} c_k$$

는 유계가 아니다. 그런데

$$U_n = \sum_{k=N+1}^{n} c_k \le S_n = \sum_{k=N+1}^{n} a_k$$

이므로, S_n은 유계가 아니다. 따라서 $S_n = \sum_{k=N+1}^{n} a_k$ 은 발산한다.

예제 다음을 보여라.

(1) 조화급수 $\sum\left(\frac{1}{n}\right)$은 발산한다.

(2) $0 < p \le 1$일 때 $p-$급수 $\sum\left(\frac{1}{n^p}\right)$은 발산한다.

(3) $\sum\left(\frac{1}{n^2}\right)$은 수렴한다.

(4) $p > 1$일 때 $p-$급수 $\sum\left(\frac{1}{n^p}\right)$은 수렴한다.

풀이

(1) 조화급수의 부분합으로 된 부분수열 $S_{k_r} = S_{2^r}$이 발산함을 보이자.

$$
\begin{aligned}
S_{k_r} &= 1+\frac{1}{2}+\frac{1}{3}+\frac{1}{4}+\frac{1}{5}+\cdots+\frac{1}{8}+\frac{1}{9}+\cdots+\frac{1}{10}+\cdots+\cdots\ \frac{1}{2^r} \\
&= 1+\frac{1}{2}+\left(\frac{1}{3}+\frac{1}{4}\right)+\left(\frac{1}{5}+\frac{1}{6}+\frac{1}{7}+\frac{1}{8}\right)+\left(\frac{1}{9}+\frac{1}{10}+\cdots+\frac{1}{16}\right) \\
&\quad +\cdots+\left(\frac{1}{2^{r-1}+1}+\frac{1}{2^{r-1}+2}+\cdots+\frac{1}{2^r}\right) \\
&\geq 1+\frac{1}{2}+\left(\frac{1}{4}+\frac{1}{4}\right)+\left(\frac{1}{8}+\frac{1}{8}+\frac{1}{8}+\frac{1}{8}\right)+\left(\frac{1}{16}+\frac{1}{16}+\cdots+\frac{1}{16}\right) \\
&\quad +\cdots+\left(\frac{1}{2^r}+\frac{1}{2^r}+\cdots+\frac{1}{2^r}\right) \\
&= 1+\underbrace{\frac{1}{2}+\frac{1}{2}+\frac{1}{2}+\frac{1}{2}+\cdots+\frac{1}{2}}_{r\text{개}} = = 1+\frac{r}{2}
\end{aligned}
$$

즉, $k_r = 2^r$인 합의 부분수열 S_{k_r}은

$$S_{k_r} = S_{2^r} \geq 1+\frac{r}{2} \quad \text{for} \quad r \in N$$

이므로, 발산하게 된다. 따라서 조화수열 $\sum\left(\frac{1}{n}\right)$은 수렴하지 않는다.

(2) $0 < p \leq 1$일 때

$$\frac{1}{n} \leq \frac{1}{n^p} \quad \text{for } n \in N$$

이고, 조화급수의 부분합은 유계이지 않으므로

$$\sum\left(\frac{1}{n^p}\right) \quad \text{for} \quad 0 < p \leq 1$$

의 부분합도 유계가 아니다. 따라서 $0 < p \leq 1$일 때, $\sum\left(\frac{1}{n^p}\right)$은 발산한다.

(3) $\sum\left(\frac{1}{n^2}\right)$은 단조증가하지만, 유계임을 보이자.

$$\sum_{n=1}^{\infty}\left(\frac{1}{n^2}\right)= 1+\sum_{n=2}^{\infty}\frac{1}{n^2}$$

$$\leq 1+\sum_{n=2}^{\infty}\frac{1}{(n-1)\cdot n} = 1+\sum_{n=2}^{\infty}\left(\frac{1}{n-1}-\frac{1}{n}\right)$$

$$= 1+\left(\frac{1}{1}-\frac{1}{2}\right)+\left(\frac{1}{2}-\frac{1}{3}\right)+\left(\frac{1}{3}-\frac{1}{4}\right)+\cdots = 1+1$$

따라서 $\sum\frac{1}{n^2}$은 단조증가하고 유계이므로, 수렴한다.

사실 $\sum\frac{1}{n^2} = \frac{\pi^2}{6} = 1.6449\cdots$로 알려져 있다.

(4) $p>1$일 때 $p-$급수 $\sum\left(\frac{1}{n^p}\right)$의 부분합으로 된 부분수열이 유계임을 보여도 충분하다.

$$\frac{1}{n^p} = 1+\frac{1}{2^p}+\frac{1}{3^p}+\frac{1}{4^p}+\frac{1}{5^p}+\frac{1}{6^p}+\frac{1}{7^p}+\cdots$$

$$= 1+\left(\frac{1}{2^p}+\frac{1}{3^p}\right)+\left(\frac{1}{4^p}+\frac{1}{5^p}+\frac{1}{6^p}+\frac{1}{7^p}\right)+\cdots$$

$$\leq 1+\left(\frac{1}{2^p}+\frac{1}{2^p}\right)+\left(\frac{1}{4^p}+\frac{1}{4^p}+\frac{1}{4^p}+\frac{1}{4^p}\right)+\cdots$$

$$= 1+\frac{2}{2^p}+\frac{4}{4^p}+\frac{8}{8^p}+\cdots$$

이므로, $p>1$일 때 공비 a는

$$0< a = \frac{2}{2^p} < 1$$

이므로, $k_r = 2^r-1$인 합의 부분수열 S_{k_r}은

$$1 < S_{k_r} < \frac{1}{1-\frac{2}{2p}}$$

가 된다. 따라서 $\sum\left(\frac{1}{n^p}\right)$의 부분합으로 된 부분수열이 유계이므로, $p > 1$일 때 급수 $\sum\left(\frac{1}{n^p}\right)$은 수렴한다. □

정리 4.2.5 (비율판정법, Ratio Test)

각 항 $a_n > 0$인 급수에 대하여

$$\lim_{n\to\infty} \frac{a_{n+1}}{a_n} = L$$

라고 가정한다.

(1) 만약 $L < 1$이면, 급수 $\sum_{k=1}^{\infty} a_k$는 수렴한다.

(2) 만약 $L > 1$이면, 급수 $\sum_{k=1}^{\infty} a_k$는 발산한다.

(3) 만약 $L = 1$이면, 수렴 여부를 판정하지 못한다.

[증명]

(1) $\lim_{n\to\infty} \frac{a_{n+1}}{a_n} = L < 1$이므로, 자연수 k와 $0 < r < 1$인 실수 r이 존재하여

$$a_{k+n} \leq r^n a_k \qquad \text{for } n \geq 1$$

을 만족한다. 따라서

$$\begin{aligned}\sum_{n=k}^{\infty} a_n &\leq a_k + a_k \cdot r + a_k \cdot r^2 + \cdots \\ &= a_k(1 + r + r^2 + \cdots)\end{aligned}$$

이므로, $\sum_{n=k}^{\infty} a_n$는 수렴한다.

(2) 마찬가지로 하면, 자연수 k와 $r > 1$인 실수 r이 존재하여

$$a_{k+n} \geq r^n a_k \quad \text{for} \quad n \geq 1$$

이다. 그런데 $r > 1$이므로

$$\sum_{n=k}^{\infty} a_n = 0$$

를 만족할 수 없으므로, $\sum_{n=k}^{\infty} a_n$은 수렴할 수 없다. □

정의 실수의 급수 $\sum x_n$에 대하여 만약 $\sum(|x_n|)$이 수렴하면, 이때 급수 $\sum(x_n)$은 절대적으로 수렴(absolutely convergent)한다고 정의한다.

각 항이 양수 급수인 경우 수렴함과 절대적 수렴함과는 아무 차이도 없지만, 그렇지 않은 급수인 경우에는 차이가 있다.

정리 4.2.6

만약 실수의 급수 $\sum(x_n)$이 절대적으로 수렴하면, 이때 $\sum(x_n)$은 수렴한다.

[증명] 만약 급수 $\sum(|x_n|)$이 수렴한다면 급수에 관한 Cauchy정리에 의해, 임의의 양수 $\varepsilon > 0$에 대해 자연수 M이 존재하여

$$m \geq n \geq M \Rightarrow |x_{n+1}| + |x_{n+2}| + \cdots + |x_m| < \varepsilon$$

이다. 따라서 삼각부등식에 의해

$$|x_{n+1} + x_{n+2} + \cdots + x_m| \leq |x_{n+1}| + |x_{n+2}| + \cdots + |x_m| < \varepsilon$$

이므로 $\sum(x_n)$은 수렴한다. □

예제 다음 급수는 수렴함을 보여라.

$$\sum_{k=1}^{\infty}\frac{(-1)^{k+1}}{k^2}=\frac{1}{1^2}-\frac{1}{2^2}+\frac{1}{3^2}-\frac{1}{4^2}+\cdots$$

풀이

$$\sum_{k=1}^{\infty}\frac{1}{k^2}=\frac{1}{1^2}+\frac{1}{2^2}+\frac{1}{3^2}+\frac{1}{4^2}+\cdots$$

는 수렴하므로, [정리 4.2.4]에 의해 $\sum_{k=1}^{\infty}\frac{(-1)^{k+1}}{k^2}$ 은 수렴한다. □

정의 **(교대급수, alternating series)**

연속적인 항들의 부호가 서로 다른 경우, 교대급수라 정의한다.

교대급수의 수렴 여부를 판정하는 다음 정리를 증명 없이 다루기로 한다.

정리 4.2.7 **(교대급수 판정법, Alternating Series Test)**

양수이고 감소하는 수열 Z_n에 대하여

만약

$$Z_n \to 0$$

이면, 이때 교대급수

$$\sum(-1)^{n+1}Z_n$$

은 수렴한다.

수렴에 관한 다음 정리는 이상적분의 개념을 이용하는 적분판정법이다.

정리 4.2.8 (적분판정법, Integral Test)

만약 감소함수 f가

$$f(x) > 0$$

이고 $\{t:\ t \geq 1\}$에서 연속이면,
이때 다음 두 식은 동치이다.

(1) $\sum(f(n))$은 수렴한다.

(2) 이상적분

$$\int_1^\infty f(t)\,dt = \lim_n \left(\int_1^n f(t)\,dt \right)$$

이 존재한다.

연습문제 4.2

1. n번째 항이 다음과 같은 급수의 수렴, 발산 여부를 논하라.

(1) $\dfrac{1}{(n+1)(n+3)}$　　(2) $3^{-\frac{1}{n}}$

(3) $\dfrac{n}{2^n}$　　(4) $(n(n+2))^{-\frac{1}{2}}$

2. 다음 급수가 수렴하는지를 판정하라.

$$1+\frac{1}{3}+\frac{1}{6}+\frac{1}{10}+\frac{1}{15}+\frac{1}{21}+\cdots$$

3. 다음 급수의 수렴 여부를 판정하라.

(1) $\displaystyle\sum_{k=1}^{\infty}\frac{k+1}{(k+3)(k+5)}$　　(2) $\displaystyle\sum_{k=1}^{\infty}\frac{2^k}{e^k}$

(3) $\displaystyle\sum_{k=2}^{\infty}\frac{1}{k\ln k}$　　(4) $\displaystyle\sum_{k=3}^{\infty}\left(\frac{k}{k+1}\right)^k$

4. 다음 급수는 모든 실수에서 수렴함을 보여라.

$$\sum_{k=0}^{\infty}\frac{x^k}{k!}$$

5. n번째 항이 다음과 같을 때, 급수의 수렴 여부를 판정하라.

(1) $\dfrac{n^n}{(n+1)^{n+1}}$　　(2) $\dfrac{(n+1)^n}{n^{n+1}}$

4.3 멱급수

전 절에서는 실수의 급수에 대하여 다루었는데, 이 절에서는 함수의 급수에 대하여 공부하기로 한다.

정의 **(멱급수, power series)**

(1) 변수 x의 멱급수

$$\sum_{k=0}^{\infty} a_k x^k = a_0 + a_1 x + a_2 x^2 + \cdots + a_n x^n + \cdots$$

(2) 변수 $x - x_0$의 멱급수(x_0는 상수)

$$\sum_{k=0}^{\infty} a_k (x - x_0)^k = a_0 + a_1(x - x_0) + a_2(x - x_0)^2 + \cdots + a_n(x - x_0)^n + \cdots$$

정의 **(멱급수의 수렴과 발산)**

(1) 만약 실수의 급수

$$\sum_{k=0}^{\infty} a_k x^k$$

가 수렴하면, 멱급수는 x에서 수렴한다고 하고, 그렇지 않으면 발산한다고 한다.

(2) 만약 실수의 급수

$$\sum_{k=0}^{\infty} a_k x^k$$

가 집합 D의 모든 점에서 수렴하면, 이때 멱급수는 집합 D에서 수렴한다고 정의한다.

예제 다음 급수는 x의 어떤 값에서 수렴하는가?

$$\sum_{k=0}^{\infty} \frac{x^k}{k+1} = 1 + \frac{x}{2} + \frac{x^2}{3} + \frac{x^3}{4} + \cdots + \frac{x^{n-1}}{n} + \cdots$$

풀이

$$a_n = \frac{x^{n-1}}{n}$$

이라 하면,

$$\frac{|a_{n+1}|}{|a_n|} = \frac{\left|\dfrac{x^n}{n+1}\right|}{\left|\dfrac{x^{n-1}}{n}\right|} = |x|\left|\frac{n}{n+1}\right| \to |x|$$

이므로, 비율판정법에 의해 이 급수는 $|x| < 1$에서 절대수렴하고 $|x| > 1$에서 발산한다.

$x = 1$일 때

$$\sum_{k=0}^{\infty} \frac{x^k}{k+1} = 1 + \frac{1}{2} + \frac{1}{3} + \frac{1}{4} + \cdots + \frac{1}{n} + \cdots$$

이므로, 발산한다. $x = -1$일 때

$$\sum_{k=0}^{\infty} \frac{x^k}{k+1} = 1 - \frac{1}{2} + \frac{1}{3} - \frac{1}{4} + \cdots$$

이므로, 교대급수판정법에 의하여 수렴한다. □

멱급수가 어떤 값에서 수렴하는지를 나타내는 다음 정리를 보자.

정리 4.3.1

(1) 만약 실수 $r(\neq 0)$에서

$$\sum_{k=0}^{\infty} a_k x^k$$

가 수렴하면, 이때 $|x| < |r|$인 모든 x에서

$$\sum_{k=0}^{\infty} a_k x^k$$

는 절대수렴한다.

(2) 만약 실수 $r(\neq 0)$에서

$$\sum_{k=0}^{\infty} a_k x^k$$

가 발산하면, 이때 $|x| > |r|$인 모든 x에서

$$\sum_{k=0}^{\infty} a_k x^k$$

는 발산한다.

[증명]

(1) 급수 $\sum_{k=0}^{\infty} a_k r^k$가 수렴하므로,

$$a_k r^k \to 0 \qquad as \quad k \to \infty$$

이다. 따라서 충분히 큰 자연수 N이 존재하여

$$|a_k r^k| < 1 \quad {}^{\forall} k \geq N$$

이다. 이때 $|x| < |r|$에 대하여

$$|a_k x^k| = \left| \frac{a_k r^k x^k}{r^k} \right| = |a_k r^k| \left| \frac{x^k}{r^k} \right| < \left| \frac{x^k}{r^k} \right| < 1$$

이므로, 기하급수인

$$\sum_k \left| \frac{x^k}{r^k} \right|$$

는 수렴한다. 따라서 비교판정법에 의해

$$\sum |a_k x^k|$$

는 수렴한다.

(2) $|x| > |r|$에 대하여, 만약

$$\sum a_k x^k$$

가 수렴한다고 하면, (1)에 의해

$$\sum a_k r^k$$

는 수렴하므로, 이는 모순이 된다. 따라서 $\sum a_k x^k$는 $|x| > |r|$에서 발산한다. □

정의 **(수렴반경, radius of convergence)**

만약 급수 $\sum_{k=0}^{\infty} a_k x^k$가

(1) $|x| < R$에서 수렴하고
(2) $|x| > R$에서 발산한다면,

이때 양의 실수 R을 급수의 수렴반경(radius of convergence)이라 정의한다. $x = R$ 또는 $x = -R$에서의 수렴 여부는 알 수 없다.

예제 다음 급수의 수렴반경 R을 구하라.

$$\sum_{k=0}^{\infty} \frac{x^k}{k!}$$

풀이 비율판정법을 이용하면

$$\left| \frac{\frac{x^{n+1}}{(n+1)!}}{\frac{x^n}{n!}} \right| = \frac{|x|}{n+1} \to 0$$

이므로, 이 멱급수는 모든 실수값에서 수렴한다. 이때의 수렴반경 R은 ∞이다. □

정의 **(수렴구간, intertal of convergence)**

멱급수가 수렴하는 구간을 수렴구간이라 정의한다.

예제 다음 급수의 수렴반경과 수렴구간을 구하라.

$$\sum_{k=0}^{\infty} \frac{2^k x^k}{\ln(k+2)}$$

풀이 $b_n = \dfrac{2^n x^n}{\ln(n+2)}$로 놓으면

$$\left|\frac{b_{n+1}}{b_n}\right| = \left|\frac{2^{n+1}x^{n+1}}{\ln(n+3)}\right| \Big/ \left|\frac{2^n x^n}{\ln(n+2)}\right|$$

$$= 2 \cdot |x| \frac{\ln(n+2)}{\ln(n+3)} \to 2|x|$$

이므로, 수렴반경 R은

$$R = \frac{1}{2}$$

이 된다.

(1) $x = \dfrac{1}{2}$일 때

$$\sum \frac{2^k x^k}{\ln(k+2)} = \sum \frac{1}{\ln(k+2)} \text{는}$$

$$\sum \frac{1}{\ln(k+2)} \geq \frac{1}{k+2}$$

이므로, 발산한다.

(2) $x = -\frac{1}{2}$일 때

$$\sum \frac{2^k x^k}{\ln(k+2)} = \sum \frac{(-1)^k}{\ln(k+2)}$$

는 교대급수판정법에 의해 수렴한다. 따라서 수렴구간은 $[-\frac{1}{2}, \frac{1}{2})$이다. □

(1) 멱급수의 미분과 적분

멱급수

$$\sum_{k=0}^{\infty} a_k (x - x_0)^k$$

에 대하여, 수렴구간 I의 점 x에서 새로운 함수 $f(x)$

$$f(x) = \sum_{k=0}^{\infty} a_k (x - x_0)^k$$

를 정의할 수 있다.

예제 다음 멱급수의 수렴구간과, 수렴구간에서 이 급수가 나타내는 함수를 구하라.

$$\sum_{k=0}^{\infty} x^k = 1 + x + x^2 + \cdots$$

풀이

$$\left| \frac{x^{n+1}}{x^n} \right| = |x| < 1$$

이므로, 수렴반지름 R은 1이다. $x = \pm 1$일 때 발산하므로, $|x| < 1$에서 $\sum x^k$는 수렴한다. 따라서 새로운 함수

$$f(x) = \frac{1}{1-x} = \sum_{k=0}^{\infty} x^k \qquad \text{for } |x| < 1$$

를 정의할 수 있다. □

일단 어떤 함수를 멱급수 형태로 표현한 후에, 그 함수를 미분이나 적분할 수 있는지가 궁금할 것이다. 결론적으로 멱급수로 표현된 모든 함수들은 수렴반경 R 내의 모든 값에서 미분 또는 적분할 수 있다. 다음 정리를 증명 없이 받아들이기로 한다.

정리 4.3.2

수렴반경 R인 멱급수 $\sum_{k=0}^{\infty} a_k x^k$에 대하여, 만약 $|x| < R$에서 이 급수를 나타내는 함수 $f(x)$를

$$f(x) = \sum_{k=0}^{\infty} a_k x^k = a_0 + a_1 x + a_2 x^2 + \cdots \qquad \text{for } |x| < R$$

라 할 때, 다음을 얻는다.

(1) $f(x)$는 연속이다.

(2) 도함수 $f'(x)$가 존재하고

$$f'(x) = a_1 + 2a_2 x + 3a_3 x^2 + \cdots = \sum_{k=1}^{\infty} k a_k x^{k-1}$$

이다.

(3) 역도함수 $\int f(x)$가 존재하고

$$\begin{aligned}\int f(x)\,dx &= a_0 x + a_1 \frac{x^2}{2} + a_2 \frac{x^3}{3} + \cdots + c \\ &= \sum_{k=0}^{\infty} a_k \frac{x^{k+1}}{k+1} + c\end{aligned}$$

이다.

더 나아가 두 급수 $\sum_{k=0}^{\infty} k a_k x^{k-1}$와 $\sum_{k=0}^{\infty} \frac{a_k x^{k+1}}{k+1}$ 모두 동일한 수렴반경 R을 가진다.

$|x| < R$에서 급수가 $f(x)$로 수렴하면, 각 항을 미분하거나 적분한 급수도 $f(x)$를 미분하거나 적분한 함수로 수렴한다는 의미이다.

예제 다음 멱급수의 수렴반경 R과, R 내에서의 도함수를 구하라.

$$1+x+\frac{x^2}{2!}+\frac{x^3}{3!}+\cdots=\sum_{k=0}^{\infty}\frac{x^k}{k!}$$

풀이 $b_n=\dfrac{x^n}{n!}$로 놓으면

$$\left|\frac{b_{n+1}}{b_n}\right|=\left|\frac{x^{n+1}/(n+1)!}{x^n/n!}\right|=|x|\cdot\frac{1}{n+1}\to 0$$

이므로, 급수는 모든 실수값에서 수렴한다. 따라서 수렴반경 $R=\infty$이다. 위의 급수를 각 항별로 미분하면

$$f'(x)=1+x+\frac{x^2}{2!}+\frac{x^3}{3!}+\cdots$$

이므로, $f'(x)=f(x)$이다.

한편, $\dfrac{f(x)}{e^x}$를 미분하면,

$$\left(\frac{f(x)}{e^x}\right)'=\frac{f'(x)\cdot e^x-f(x)\cdot e^x}{(e^x)^2}=0$$

이므로

$$\frac{f(x)}{e^x}=c$$

가 된다. 그런데 $f(0)=1$이므로, 다음이 성립한다.

$$f(x)=e^x=1+x+\frac{x^2}{2!}+\frac{x^3}{3!}+\cdots$$ □

예제 다음을 보여라.

$$(1)\ \ln(1+x) = x - \frac{x^2}{2} + \frac{x^3}{3} - \frac{x^4}{4} + \cdots \qquad \text{for} \quad -1 < x \le 1$$

$$(2)\ \tan^{-1}x = x - \frac{x^3}{3} + \frac{x^5}{5} - \frac{x^7}{7} + \cdots \qquad \text{for} \quad -1 \le x \le 1$$

풀이 함수들을 여러 번 미분하여 Taylor 정리를 적용하여 증명할 수 있지만, 무한 등비급수의 성질과 적분을 이용하기로 한다.

(1) $-1 < t < 1$에서

$$\frac{1}{1+t} = 1 - t + t^2 - t^3 + \cdots$$

이므로, 등식의 양쪽을 각각 적분하면

$$\int_0^x \frac{1}{1+t}\,dt = \int_0^x (1 - t + t^2 - t^3 + \cdots)\,dt \qquad \text{for } |x| < 1$$

$$\Rightarrow$$

$$\ln(1+x) = x - \frac{x^2}{2} + \frac{x^3}{3} - \frac{x^4}{4} + \cdots \qquad \text{for } |x| < 1$$

이다. $x = 1$일 때 수렴한다.

(2) $-1 < t < 1$에서

$$\frac{1}{1+t^2} = 1 - t^2 + t^4 - t^6 + \cdots$$

이므로, 등식의 양쪽을 각각 적분하면

$$\int_0^x \frac{1}{1+t^2}\,dt = \int_0^x (1 - t^2 + t^4 - t^6 + \cdots)\,dt \qquad \text{for } |x| < 1$$

$$\Rightarrow$$

$$\tan^{-1}x = x - \frac{x^3}{3} + \frac{x^5}{5} - \frac{x^7}{7} + \cdots \qquad \text{for } |x| < 1$$

이다. $x = \pm 1$일 때 수렴한다. □

$x=1$을 대입하면, 다음을 얻는다.

$$\frac{\pi}{4} = 1-\frac{1}{3}+\frac{1}{5}-\frac{1}{7}+\cdots$$

Euler의 공식(i는 단위허수, θ는 실수)

$$e^{i\theta} = \cos\theta + i\sin\theta$$

를 이용하여, $\sin\theta$와 $\cos\theta$를 멱급수로 나타내어 보자.

$$e^{x} = 1+x+\frac{x^2}{2!}+\frac{x^3}{3!}+\cdots$$

$$\Rightarrow$$

$$e^{i\theta} = 1+(i\theta)+\frac{(i\theta)^2}{2!}+\frac{(i\theta)^3}{3!}+\frac{(i\theta)^4}{4!}+\frac{(i\theta)^5}{5!}+\cdots$$

$$= \left(1-\frac{\theta^2}{2!}+\frac{\theta^4}{4!}-\cdots\right)+i\left(\theta-\frac{\theta^3}{3!}+\frac{\theta^5}{5!}-\cdots\right)$$

이다. 그런데

$$e^{i\theta} = \cos\theta + i\sin\theta$$

이므로, 다음이 성립한다.

$$\cos\theta = 1-\frac{\theta^2}{2!}+\frac{\theta^4}{4!}-\cdots$$

$$\sin\theta = \theta-\frac{\theta^3}{3!}+\frac{\theta^5}{5!}-\cdots$$

연습문제 4.3

1. 다음 급수의 수렴반경을 구하라.

(1) $\sum \frac{n}{(n+3)} x^n$　　(2) $\sum \frac{x^n}{n^n}$

(3) $\sum \frac{x^n}{2^n}$　　(4) $\sum \frac{x^n}{n \log n}$

2. 다음 공식

$$\frac{1}{1+x} = 1 - x + x^2 - x^3 + \cdots \qquad \text{for } |x| < 1$$

에서, x 대신 x^2을 대입하여 $\frac{1}{1+x^2}$의 멱급수 전개를 구하라.

3. $0 < p \leq |a_n| \leq q \quad \text{for } n \in N$일 때, 다음 급수의 수렴반경을 구하라.

$$\sum_{n=0} a_n \cdot x^n$$

4. 다음 함수를 멱급수 전개하라.

(1) $\int_0^x t \cdot e^t \, dt$

(2) $\int_0^x \left[\frac{\log(1+t)}{t} \right] dt$

5. 다음 멱급수의 수렴반경과 급수가 나타내는 함수를 구하라.

$1 + 2x + 3x^2 + 4x^3 + \cdots$

5장

이변량함수의 미분

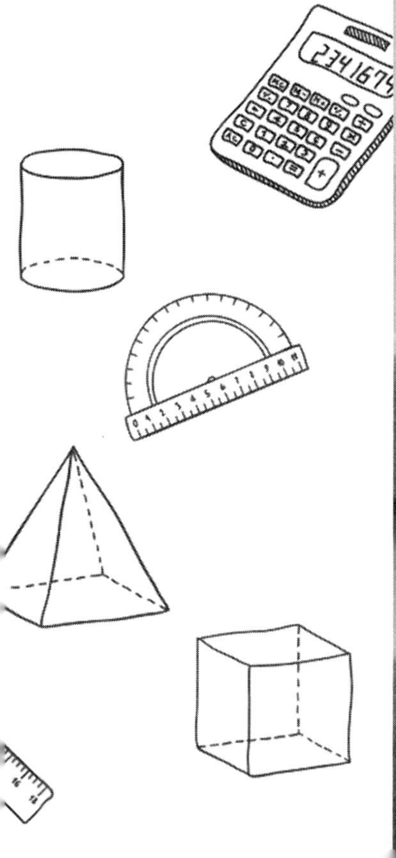

이 장에서는 이변량함수의 미분에 관하여 공부한다. 이변량함수를 정의하고, 그 그래프와 등고선(contour line)을 작성한다. 이변량함수의 극한과 연속을 다룬다. 이변량함수의 미분인 편도함수와 극대, 극소를 정의하고 최대, 최소 문제 등을 다룬다.

5.1 이변량함수와 극한

원통형 통조림의 체적에 관심이 있다. 반지름 r, 높이 h라 하면, 체적 V는

$$V = \pi r^2 h$$

이다. 즉, 체적 V는 두 변수 r, h의 함수로 표현된다. 양의 실수의 순서쌍 (r, h)에 대해 하나의 양수 V가 대응된다고 할 수 있다.

정의 **(이변량함수)**

$D \subset R^2$

이변량함수는 집합 D상의 임의의 점 (x, y)에 하나의 실수 $z = f(x, y)$를 대응하는 관계이다. 즉

$$f : \begin{pmatrix} x \\ y \end{pmatrix} \to z$$

로 표기하며, 집합 D를 함수 f의 정의역(domain), 집합 $\{f(x, y) \mid (x, y) \in D\}$를 함수 f의 치역(range)이라 정의한다.

정의 **(다변량함수)**

$D \subset R^p \ (p \geq 2)$

다변량함수는 집합 D상의 임의의 점 $(x_1, x_2, \cdots, x_p)$에 하나의 실수 $z = f(x_1, x_2, \cdots, x_p)$를 대응하는 관계이다. 즉

$$f : (x_1, x_2, \cdots, x_p) \to z$$

로 표기하며,

집합 D를 함수 f의 정의역, 집합 $\{f(x_1, x_2, \cdots, x_p) \mid (x_1, x_2, \cdots, x_p) \in D\}$를 함수 f의 치역이라 정의한다.

예제 이변량 표준정규분포 함수에 대한 다음 질문에 답하라.

$$f\begin{pmatrix} x \\ y \end{pmatrix} = \frac{1}{2\pi} e^{-\frac{x^2+y^2}{2}} \qquad \text{for} \quad x, y \in R$$

(1) 정의역 D와 치역을 구하라

(2) $f\begin{pmatrix} 0 \\ 0 \end{pmatrix}$, $f\begin{pmatrix} 1 \\ 1 \end{pmatrix}$, $f\begin{pmatrix} 2 \\ -2 \end{pmatrix}$의 값을 구하라.

(3) 등고선은 어떤 형태인가?

풀이

(1) 정의역 $D = R^2$이고, f의 치역은 R^+이다.

(2) $f\begin{pmatrix} 0 \\ 0 \end{pmatrix} = \frac{1}{2\pi}$, $f\begin{pmatrix} 1 \\ 1 \end{pmatrix} = \frac{1}{2\pi} e^{-1}$, $f\begin{pmatrix} 2 \\ -2 \end{pmatrix} = \frac{1}{2\pi} e^{-4}$

(3) 등고선의 정의는

$$\left\{ (x, y) : f\begin{pmatrix} x \\ y \end{pmatrix} = c, \ c\text{는 상수} \right\}$$

이므로, 형태는 원이 된다. □

정의 (이변량함수의 극한)

함수 $f\begin{pmatrix} x \\ y \end{pmatrix}$는 $\begin{pmatrix} x_0 \\ y_0 \end{pmatrix}$의 근방 $N\begin{pmatrix} x_0 \\ y_0 \end{pmatrix}$에서 정의되었다(단, $\begin{pmatrix} x_0 \\ y_0 \end{pmatrix}$는 제외하여도 무방함). 이때 만약 임의의 양수 $\epsilon > 0$에 대하여, 양수 $\delta > 0$가 존재하여

$$\left| f\begin{pmatrix} x \\ y \end{pmatrix} - L \right| < \epsilon \ \text{for } all \ \begin{pmatrix} x \\ y \end{pmatrix} \in N_\delta \begin{pmatrix} x_0 \\ y_0 \end{pmatrix} \text{ and } \begin{pmatrix} x \\ y \end{pmatrix} \neq \begin{pmatrix} x_0 \\ y_0 \end{pmatrix}$$

를 만족하면, 점 $\begin{pmatrix} x \\ y \end{pmatrix}$가 $\begin{pmatrix} x_0 \\ y_0 \end{pmatrix}$에 접근할 때 함수 $f\begin{pmatrix} x \\ y \end{pmatrix}$의 극한값을 L이라 하고 다음과 같이 표기한다.

$$\lim_{\binom{x}{y}\to\binom{x_0}{y_0}} f\binom{x}{y} = L$$

$\left(\text{단, } N_\delta\binom{x_0}{y_0}\text{는 } \sqrt{(x-x_0)^2+(y-y_0)^2} < \delta\text{를 만족하는 점 }\binom{x_0}{y_0}\text{의 근방을 나타낸다.}\right)$

일변량함수의 극한에서 $x \to x_0$의 의미는 $x \to x_0+$와 $x \to x_0-$를 모두 일컫지만, 이변량함수에서 $\binom{x}{y} \to \binom{x_0}{y_0}$는 많은 수의 경로를 따라 접근한다는 의미를 내포한다.

예제 극한의 정의를 이용하여 다음을 보여라.

$$\lim_{\binom{x}{y}\to\binom{1}{2}} 3x+y = 5$$

풀이 임의의 $\epsilon > 0$에 대하여

$$|3x+y-5| < \epsilon \quad \text{for} \quad 0 < \sqrt{(x-1)^2+(y-2)^2} < \delta$$

를 만족하는 $\delta > 0$를 고르면 된다.

그런데

$$\begin{aligned} |3x+y-5| &\le 3|x-1| + |y-2| \\ &\le 3\sqrt{(x-1)^2+(y-2)^2} + \sqrt{(x-1)^2+(y-2)^2} \\ &= 4\sqrt{(x-1)^2+(y-2)^2} \\ &< 4\delta \end{aligned}$$

이므로, $\delta = \dfrac{\epsilon}{4}$로 잡으면

$$|3x+y-5| < \epsilon$$

가 성립한다. □

예제 극한값이 존재하는지를 판정하라.

(1) $\lim_{\binom{x}{y}\to\binom{0}{0}} \dfrac{xy^2}{x^2+y^2}$　　　(2) $\lim_{\binom{x}{y}\to\binom{0}{0}} \dfrac{xy}{x^2+y^2}$

풀이

$$\begin{cases} x = r\cos\theta \\ y = r\sin\theta \end{cases}$$

로 놓고, $r \to 0$으로 보내면

$$(1)\ \frac{xy^2}{x^2+y^2} = \frac{r\cos\theta \cdot r^2\sin^2\theta}{r^2} = r\cos\theta\sin^2\theta \to 0$$

$$(2)\ \frac{xy}{x^2+y^2} = \frac{r^2\cos\theta \cdot \sin\theta}{r^2} = \cos\theta\sin\theta = \frac{1}{2}\sin 2\theta$$

이므로, $\theta = 0$일 때와 $\theta = \dfrac{\pi}{4}$일 때 극한값이 서로 다르므로 극한값이 존재하지 않는다.

□

점 $\begin{pmatrix} x_0 \\ y_0 \end{pmatrix}$에 접근하는 경로에 따라 $\lim_{\binom{x}{y}\to\binom{x_0}{y_0}} f\begin{pmatrix} x \\ y \end{pmatrix}$가 둘 이상의 다른 값을 가진다면, $\lim_{\binom{x}{y}\to\binom{x_0}{y_0}} f\begin{pmatrix} x \\ y \end{pmatrix}$의 값은 존재하지 않음을 알 수 있다.

정의를 이용하여 함수의 극한값을 구하는 것은 다소 지루한 작업일 수 있다. 하지만 만약 함수 f가 연속이라면,

$$\lim_{\binom{x}{y}\to\binom{x_0}{y_0}} f\begin{pmatrix} x \\ y \end{pmatrix} = f\begin{pmatrix} x_0 \\ y_0 \end{pmatrix}$$

를 이용하여 극한값을 쉽게 구할 수 있다. 이변량함수의 연속에 관한 다음 정의를 보자.

정의 **(이변량함수의 연속)**

함수 f는 점 $\begin{pmatrix} x_0 \\ y_0 \end{pmatrix}$의 근방 $N\begin{pmatrix} x_0 \\ y_0 \end{pmatrix}$에서 정의되었다. 이때 다음 세 조건이 모두 성립하면, 함수 f는 점 $\begin{pmatrix} x_0 \\ y_0 \end{pmatrix}$에서 연속이라고 정의한다.

(1) $f\begin{pmatrix} x_0 \\ y_0 \end{pmatrix}$가 존재한다.

(2) $\lim_{\begin{pmatrix} x \\ y \end{pmatrix} \to \begin{pmatrix} x_0 \\ y_0 \end{pmatrix}} f\begin{pmatrix} x \\ y \end{pmatrix}$가 존재한다.

(3) $\lim_{\begin{pmatrix} x \\ y \end{pmatrix} \to \begin{pmatrix} x_0 \\ y_0 \end{pmatrix}} f\begin{pmatrix} x \\ y \end{pmatrix} = f\begin{pmatrix} x_0 \\ y_0 \end{pmatrix}$

예제 다음 함수는 $\begin{pmatrix} 0 \\ 0 \end{pmatrix}$에서 연속인가?

$$f\begin{pmatrix} x \\ y \end{pmatrix} = \sin x + e^y$$

풀이 $\lim_{\begin{pmatrix} x \\ y \end{pmatrix} \to \begin{pmatrix} 0 \\ 0 \end{pmatrix}} f\begin{pmatrix} x \\ y \end{pmatrix} = \lim_{\begin{pmatrix} x \\ y \end{pmatrix} \to \begin{pmatrix} 0 \\ 0 \end{pmatrix}} \sin x + e^y = 1$

$$f\begin{pmatrix} 0 \\ 0 \end{pmatrix} = 1$$

이므로, f는 $\begin{pmatrix} 0 \\ 0 \end{pmatrix}$에서 연속이다. □

예제 함수 f가 불연속인 영역은?

$$f\begin{pmatrix} x \\ y \end{pmatrix} = \frac{xy}{x^2 - y^2}$$

풀이 함수 f는 유리함수(rational function)이므로, 분모가 0인 영역에서 불연속이 된다. 따라서 R^2내의 두 직선

$$y = \pm x$$

상에서 불연속이다. □

연습문제 5.1

1. 주어진 함수의 정의역과 치역을 각각 구하라.

(1) $f(x,\ y) = \sqrt{1+x+y}$ (2) $g(x,\ y) = \dfrac{y}{|x|}$

(3) $h(x,\ y) = \ln(1+x^2-y^2)$ (4) $k(x,\ y) = \cos^{-1}(x-y)$

2. 다음 함수의 그래프를 작성하라.

(1) $z = x-2y+1$ (2) $z = x^2+\sin y$

(3) $z = e^{-(x+y)}$ (4) $z = \log x + e^{-y}$

3. 정의를 이용하여 다음을 보여라.

(1) $\lim\limits_{\binom{x}{y}\to\binom{2}{1}} x+2y = 4$ (2) $\lim\limits_{\binom{x}{y}\to\binom{0}{0}} \dfrac{2x^2y}{x^2+y^2} = 0$

4. 다음 극한값이 존재하면, 그 값을 구하라.

(1) $\lim\limits_{\binom{x}{y}\to\binom{0}{0}} \dfrac{3xy}{\sqrt{x^2+y^2}}$ (2) $\lim\limits_{\binom{x}{y}\to\binom{0}{0}} \dfrac{x^2-2y}{y^2+2x}$

(3) $\lim\limits_{\binom{x}{y}\to\binom{1}{1}} \ln(1+e^{x-y})$ (4) $\lim\limits_{\binom{x}{y}\to\binom{2}{5}} \sinh\left(\dfrac{x+1}{y-2}\right)$

5. 다음 함수가 $\binom{x}{y} = \binom{0}{0}$에서 연속이 되도록 c를 구하라.

$$f\binom{x}{y} = \begin{cases} \dfrac{xy}{|x|+|y|} & \text{if } \binom{x}{y} \neq \binom{0}{0} \\ c & o.w \end{cases}$$

5.2 편도함수

이변량함수 f가 점 $\begin{pmatrix} x_0 \\ y_0 \end{pmatrix}$의 근방에서 정의되었다. 만약 어느 한 변수인 y에 대하여 $y = y_0$로 고정하였다면, f는 단지 변수 x의 함수일 뿐이며 더 나아가 변수 x에 관한 미계수를 계산할 수 있을 것이다.

이 새로운 함수를 변수 x에 관한 편도함수(partial derivative)라 부르고

$$f_x \qquad \frac{\partial}{\partial x} f \qquad D_1 f \qquad D_x f$$

등으로 표기한다.

정의 (이변량함수의 편도함수)

이변량함수 f에 대하여

(1) 만약

$$\frac{\partial}{\partial x} f = \lim_{h \to 0} \frac{f(x+h,\, y) - f(x,\, y)}{h}$$

의 값이 존재하면, 이를 변수 x에 관한 편도함수라 정의하고 함수 f는 x에 관하여 편미분가능하다고 한다.

(2) 만약

$$\frac{\partial}{\partial y} f = \lim_{k \to 0} \frac{f(x,\, y+k) - f(x,\, y)}{k}$$

의 값이 존재하면, 이를 변수 y에 관한 편도함수라 정의하고 함수 f는 y에 관하여

편미분가능하다고 한다.

예제 반지름 r, 높이 h인 콘의 체적 V의 편도함수를 각각 구하라.

$$V = \frac{1}{3}\pi r^2 h$$

풀이

(1) $\frac{\partial}{\partial r}U = \frac{2}{3}\pi rh$

(2) $\frac{\partial}{\partial h}U = \frac{1}{3}\pi r^2$ □

예제 다음 함수의 편도함수를 $\begin{pmatrix}0\\0\end{pmatrix}$에서 각각 구하라.

$$f\begin{pmatrix}x\\y\end{pmatrix} = \begin{cases} \dfrac{xy}{x^2+y^2} & \begin{pmatrix}x\\y\end{pmatrix} \neq \begin{pmatrix}0\\0\end{pmatrix} \text{ 일 때} \\ 0 & \begin{pmatrix}x\\y\end{pmatrix} = \begin{pmatrix}0\\0\end{pmatrix} \text{ 일 때} \end{cases}$$

풀이

(1) $f_x\begin{pmatrix}0\\0\end{pmatrix} = \lim_{h\to 0}\frac{f(h,\ 0) - f(0,\ 0)}{h} = \lim_{h\to 0}\frac{\frac{h \cdot 0}{h^2}}{h}$

$= \lim_{h\to 0}\frac{0}{h^3} = 0$

(2) 마찬가지로 $f_y\begin{pmatrix}0\\0\end{pmatrix} = 0$이다. □

점 $\begin{pmatrix}0\\0\end{pmatrix}$에서 f_x와 f_y가 각각 존재하지만, 함수 f는 $\begin{pmatrix}0\\0\end{pmatrix}$에서 연속인 함수는 아니다.

(1) 편도함수의 기하학적 의미

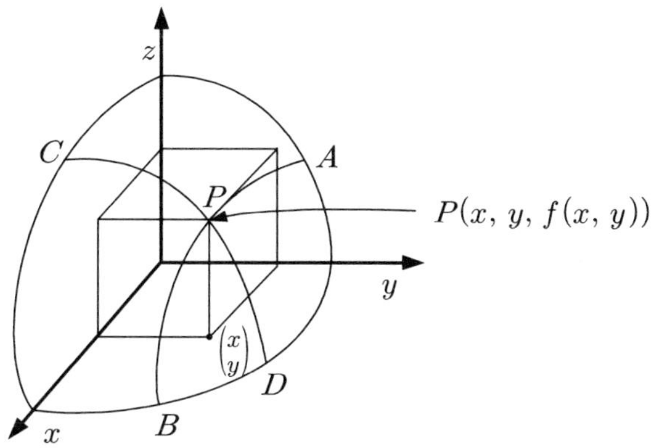

[그림 5.2.1]

함수 f의 그림이 [그림 5.2.1]과 같을 때, 임의의 점 $P(x,\ y,\ f(x,\ y))$에서 편도함수의 의미를 알아보자

(1) $x-z$평면과 평행인 면으로 점 P를 지나는 평면과 함수 f를 교차하면, 곡선 $\widehat{APB}$를 얻는다. 한 점이 곡선 $\widehat{APB}$를 따라 움직이면, 함수 f의 x좌표는 변하지만 y좌표는 변하지 않는다. 따라서 점 P에서 x에 관한 편미분계수 $\frac{\partial}{\partial x}f$는 곡선 $\widehat{APB}$를 P에서 미분한 값이며, 이는 P에서의 접선의 기울기를 의미한다.

(2) $y-z$평면과 평행인 면으로 점 P를 지나는 평면과 함수 f를 교차하면, 곡선 $\widehat{CPD}$를 얻는다. 한 점이 곡선 $\widehat{CPD}$를 따라 움직이면, 함수 f의 y좌표는 변하지만 x좌표는 변하지 않는다. 따라서 점 P에서 y에 관한 편미분계수 $\frac{\partial}{\partial y}f$는 곡선 $\widehat{CPD}$를 P에서 미분한 값이며, 이는 P에서의 접선의 기울기를 의미한다.

일변량함수 $y=f(x)$를 두 번 미분하면

$$y'=\frac{df}{dx},\qquad y''=\frac{d}{dx}\left(\frac{df}{dx}\right)=\frac{d^2f}{dx^2}$$

이므로, 이를 이변량함수 $z = f\begin{pmatrix} x \\ y \end{pmatrix}$에 적용하면 다음과 같은 이차편도함수(second partial derivative)를 얻을 수 있다.

정의 **(이차편도함수)**

(1) x에 관하여 두 번 미분한다.

$$\frac{\partial^2}{\partial x^2} f = \frac{\partial}{\partial x}\left(\frac{\partial}{\partial x} f\right) = f_{xx} = D_1\left[D_1 f\right]$$

(2) x에 관하여 먼저 미분한 후, y에 관하여 미분한다.

$$\frac{\partial^2}{\partial y\,\partial x} f = \frac{\partial}{\partial y}\left(\frac{\partial}{\partial x} f\right) = f_{xy} = D_2\left[D_1 f\right]$$

(3) y에 관하여 먼저 미분한 후, x에 관하여 미분한다.

$$\frac{\partial^2}{\partial x\,\partial y} f = \frac{\partial}{\partial x}\left(\frac{\partial}{\partial y} f\right) = f_{yx} = D_1\left[D_2 f\right]$$

(4) y에 관하여 두 번 미분한다.

$$\frac{\partial^2}{\partial y^2} f = \frac{\partial}{\partial y}\left(\frac{\partial}{\partial y} f\right) = f_{yy} = D_2\left[D_2 f\right]$$

예제 다음의 이차편도함수를 구하라.

$$f\begin{pmatrix} x \\ y \end{pmatrix} = x^3 y^2 - x y^5$$

풀이

$$f_x = 3x^2 y^2 - y^5$$

$$f_y = 2x^3 y - 5x y^4$$

이므로, 이차편도함수는

$$f_{xx} = 6xy^2$$

$$f_{yy} = 2x^3 - 20xy^3$$

$$f_{xy} = 6x^2y - 5y^4$$

$$f_{yx} = 6x^2y - 5y^4$$

이다. □

위의 예에서

$$f_{xy} = f_{yx}$$

이다. 만약 f_{xy}와 f_{yx}가 존재하고 각각 연속이면 위의 등식이 성립함을 보일 수 있다.

정리 5.2.1

이변량함수 f에 대하여, 만약 f_x, f_y, f_{xy}, f_{yx}가 점 $\begin{pmatrix} x \\ y \end{pmatrix}$에서 존재하고 연속이면,

$$f_{xy}\begin{pmatrix} x \\ y \end{pmatrix} = f_{yx}\begin{pmatrix} x \\ y \end{pmatrix}$$

이다.

[증명]

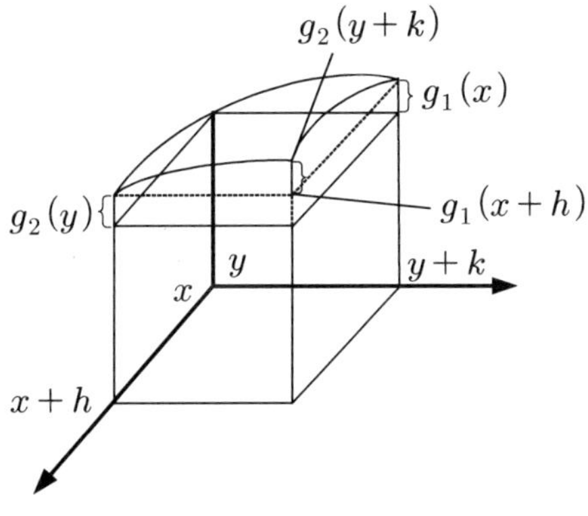

[그림 5.2.2]

함수 f의 그림이 [그림 5.2.2]일 때, 점 $(x,\ y)$와 $h, k \neq 0$에 대하여 함수 g_1을

$$g_1(x) = f(x,\ y+k) - f(x,\ y)$$

라 놓으면

$$g_1(x+h) = f(x+h,\ y+k) - f(x+h,\ y)$$

가 된다. 이때 함수 g_1에 평균값정리를 적용하면

$$g_1(x+h) - g_1(x) = h \cdot g_1{}'(s_1)$$

을 만족하는 $s_1 \in (x,\ x+h)$이 존재한다. 그런데

$$g_1{}'(s_1) = D_1 f(s_1,\ y+k) - D_1 f(s_1,\ y)$$

이므로 변수 y에 대하여 재차 평균값정리를 적용하면

$$g_1{}'(s_1) = D_2 D_1 f(s_1,\ s_2) \cdot k$$

를 만족하는 $S_2 \in (y,\ y+k)$가 존재하게 된다. 이를 정리하면

$$g_1(x+h) - g_1(x) = h \cdot k D_2\left[D_1 f(s_1,\ s_2)\right] \quad \cdots\cdots\cdots\cdots\cdots\cdots\cdots \ (1)$$

임을 알 수 있다.

마찬가지로, 함수 g_2를

$$g_2(y) = f(x+h,\ y) - f(x,\ y)$$

로 놓으면,

$$g_2(y+k) - g_2(y) = h \cdot k D_1\left[D_2 f(t_1,\ t_2)\right] \quad \cdots\cdots\cdots\cdots\cdots\cdots\cdots\cdots\cdots \ (2)$$

를 만족하는 $t_2 \in (y,\ y+k)$, $t_1 \in (x,\ x+h)$가 존재함을 보일 수 있다. 식 (1)과 식 (2)는 동일하므로 다음 결과를 얻는다.

$$D_2\left[D_1 f(s_1,\ s_2)\right] = D_1\left[D_2 f(t_1,\ t_2)\right]$$

이때 $h,\ k \to 0$으로 보내면 $D_2D_1f,\ D_1D_2f$가 연속이므로

$$D_2[D_1f(x,\ y)] = D_1[D_2f(x,\ y)]$$

가 성립한다. □

예제 다음 함수의 이차편도함수 f_{xy}와 f_{yx}는 연속인가?

$$f(x,\ y) = \frac{1}{2\pi}e^{-\frac{x^2+y^2}{2}}$$

풀이

$$\frac{\partial}{\partial x}f = \frac{1}{2\pi}e^{-\frac{x^2+y^2}{2}}(-x)$$

$$\frac{\partial}{\partial y}f = \frac{1}{2\pi}e^{-\frac{x^2+y^2}{2}}(-y)$$

이므로, 한 번 더 편미분하면

$$\frac{\partial^2 f}{\partial y\partial x} = \frac{\partial}{\partial y}\left(\frac{\partial f}{\partial x}\right) = \frac{1}{2\pi}e^{-\frac{x^2+y^2}{2}}(-x)(-y)$$

$$\frac{\partial^2 f}{\partial x\partial y} = \frac{\partial}{\partial x}\left(\frac{\partial f}{\partial y}\right) = \frac{1}{2\pi}e^{-\frac{x^2+y^2}{2}}(-y)(-x)$$

가 된다. 이때 $\dfrac{\partial^2 f}{\partial y\partial x}$와 $\dfrac{\partial^2 f}{\partial x\partial y}$가 연속이므로, 서로 동일함을 확인할 수 있다. □

연습문제 5.2

1. 다음 함수의 일차편도함수를 각각 구하라.

(1) $z = xy^2$ (2) $z = \sin(x^2 + y^3)$

(3) $z = e^y \tan x$ (4) $z = \ln(x^3 y^5 - 2)$

2. 함수 f에 대하여

$$f\begin{pmatrix} x \\ y \end{pmatrix} = \begin{cases} \dfrac{xy}{x^2 + y^2} & \text{if } \begin{pmatrix} x \\ y \end{pmatrix} \neq \begin{pmatrix} 0 \\ 0 \end{pmatrix} \\ 0 & o.w \end{cases}$$

(1) $\begin{pmatrix} 0 \\ 0 \end{pmatrix}$에서의 f_x와 f_y를 각각 구하라.

(2) 함수 f는 $\begin{pmatrix} 0 \\ 0 \end{pmatrix}$에서 연속인가?

3. 4종류의 이차편도함수를 각각 구하고, 각 함수의 혼합편도함수가 동일한지를 조사하라.

(1) $f\begin{pmatrix} x \\ y \end{pmatrix} = e^{xy^3}$ (2) $f\begin{pmatrix} x \\ y \end{pmatrix} = \sin(x^2 + y^3)$

(3) $f\begin{pmatrix} x \\ y \end{pmatrix} = \ln(x^3 y^5 - 1)$ (4) $f\begin{pmatrix} x \\ y \end{pmatrix} = \sqrt{xy + 2y^3}$

4.

$$f\begin{pmatrix}x\\y\end{pmatrix}=\begin{cases}\dfrac{x+y}{x-y} & \text{if}\begin{pmatrix}x\\y\end{pmatrix}\neq\begin{pmatrix}0\\0\end{pmatrix}\\ 0 & o.w\end{cases}$$

(1) $f_x\begin{pmatrix}0\\0\end{pmatrix}$와 $f_y\begin{pmatrix}0\\0\end{pmatrix}$를 각각 구하라.

(2) 함수 f는 $\begin{pmatrix}0\\0\end{pmatrix}$에서 불연속임을 보여라.

5. 다음 함수의 이차편도함수를 구하고, 각 함수의 혼합편도함수가 동일한지를 조사하라.

(1) $f\begin{pmatrix}x\\y\end{pmatrix}=\sin(2xy^4)$ (2) $f\begin{pmatrix}x\\y\end{pmatrix}=\ln(3x-2y)$

5.3 이변량함수의 미분가능

만약 일변량함수 f가 미분가능하다면

$$f'(x) = \lim_{\triangle x \to 0} \frac{\triangle y}{\triangle x}$$

이므로, 새로운 함수 ϵ를

$$\epsilon(\triangle x) = \frac{\triangle y}{\triangle x} - f'(x) \quad \cdots\cdots (1)$$

로 놓으면 함수 ϵ은

$$\lim_{\triangle x \to 0} \epsilon(\triangle x) = \lim_{\triangle x \to 0} \frac{\triangle y}{\triangle x} - f'(x) = 0$$

을 만족한다. 위의 식 (1)에 $\triangle x$를 곱하면

$$\triangle y = f'(x) \cdot \triangle x + \epsilon(\triangle x) \cdot \triangle x$$

이므로,

$$f(x + \triangle x) - f(x) = f'(x) \cdot \triangle x + \epsilon(\triangle x) \cdot \triangle x$$
$$(\text{단}, \epsilon(\triangle x) \to 0 \ as \ \ \triangle x \to 0)$$

가 된다.

정의 (일변량함수의 미분가능)

일변량함수 f에 대하여

만약

$$f(x+\Delta x)-f(x)=f'(x)\cdot\Delta x+\epsilon(\Delta x)\cdot\Delta x$$

$$(\text{단}, \epsilon(\Delta x)\to 0 \ as \ \ \Delta x\to 0)$$

를 만족하는 함수 f'와 ϵ가 존재하면, 이때 함수 f는 미분가능하다고 정의한다.

위의 정의를 이변량함수로 확장시켜 다음 정의를 얻는다.

정의 (이변량함수의 미분가능)

이변량함수 f는 점 $\begin{pmatrix}x\\y\end{pmatrix}$의 근방에서 정의되었다.

만약

$$f(x+\Delta x,\ y+\Delta y)-f(x,\ y)=f_x\begin{pmatrix}x\\y\end{pmatrix}\Delta x+f_y\begin{pmatrix}x\\y\end{pmatrix}\Delta y+\epsilon_1\begin{pmatrix}\Delta x\\\Delta y\end{pmatrix}\Delta x+\epsilon_2\begin{pmatrix}\Delta x\\\Delta y\end{pmatrix}\Delta y$$

$$\left(\text{단},\ \epsilon_1\to 0,\ \epsilon_2\to 0 \quad as \begin{pmatrix}\Delta x\\\Delta y\end{pmatrix}\to\begin{pmatrix}0\\0\end{pmatrix}\right)$$

를 만족하는 함수 f_x, f_y, ϵ_1, ϵ_2가 존재하면, 이때 함수 f는 미분가능하다고 정의한다.

예제 다음 함수는 R^2에서 미분가능함을 보여라.

$$f(x,\ y)=xy$$

풀이

$$\begin{aligned}f(x+\Delta x, y+\Delta y)-f(x,\ y)&=(x+\Delta x)(y+\Delta y)-x\cdot y\\&=y\Delta x+x\Delta y+\Delta x\cdot\Delta y\end{aligned}$$

그런데

$$f_x\begin{pmatrix}x\\y\end{pmatrix}=y,\ f_y\begin{pmatrix}x\\y\end{pmatrix}=x,\ \epsilon_1=\Delta y,\ \epsilon_2=0$$

로 놓으면

$$f(x+\triangle x,\ y+\triangle y)-f(x,\ y)=f_x\begin{pmatrix}x\\y\end{pmatrix}\triangle x+f_y\begin{pmatrix}x\\y\end{pmatrix}\triangle y+\epsilon_1\cdot\triangle x+0\cdot\triangle y$$

가 성립하고, 이때 $\lim_{\begin{pmatrix}\triangle x\\\triangle y\end{pmatrix}\to 0}\epsilon_1=0$이 된다. 따라서 함수 $f(x,\ y)=xy$는 R^2에서 미분가능하다. □

> **정리 5.3.1**
>
> 만약 이변량함수 f와 편도함수 f_x, f_y가 점 $\begin{pmatrix}x\\y\end{pmatrix}$의 근방에서 존재하고 연속이면, 이때 이변량함수 f는 $\begin{pmatrix}x\\y\end{pmatrix}$에서 미분가능하다.

[증명]

$$\begin{aligned}&f(x+\triangle x,\ y+\triangle y)-f(x,\ y)\\&=f(x+\triangle x,\ y+\triangle y)-f(x+\triangle x,\ y)+f(x+\triangle x,\ y)-f(x,\ y)\end{aligned}$$

이때 편도함수 f_x, f_y가 존재하므로 평균값정리에 의해

$$f(x+\triangle x,\ y+\triangle y)-f(x+\triangle x,\ y)=\triangle y\cdot f_y(x+\triangle x,\ y+\theta_1\triangle y)$$

$$f(x+\triangle x,\ y)-f(x,\ y)=\triangle x\cdot f_x(x+\theta_2\triangle x,\ y)$$

를 만족하는 $0<\theta_1,\ \theta_2<1$가 존재한다.

또한 f_x, f_y는 연속이라는 가정에 의해

$$f_y(x+\triangle x,\ y+\theta_1\triangle y)=f_y(x,\ y)+\epsilon_2$$

$$f_x(x+\theta_2\triangle x,\ y)=f_x(x,\ y)+\epsilon_1$$

$$\left(\text{단, }\epsilon_1\to 0,\ \epsilon_2\to 0\quad as\ \begin{pmatrix}\triangle x\\\triangle y\end{pmatrix}\to\begin{pmatrix}0\\0\end{pmatrix}\right)$$

라 표현할 수 있다. 따라서

$$f(x+\triangle x,\ y+\triangle y)-f(x,\ y)$$
$$=\triangle y(f_y(x,\ y)+\epsilon_2)+\triangle x(f_x(x,\ y)+\epsilon_1)$$
$$=f_x(x,\ y)\cdot\triangle x+f_y(x,\ y)\cdot\triangle y+\epsilon_1\triangle x+\epsilon_2\triangle y$$

이므로, 이변량함수 f는 $\begin{pmatrix}x\\y\end{pmatrix}$에서 미분가능하다. □

예제 다음 함수는 R^2에서 미분가능함을 보여라.

$$f(x,\ y)=\sin(xy^2)+e^{x^2y^3}$$

풀이 함수 f의 편도함수 f_x, f_y

$$f_x=\frac{\partial}{\partial x}f=y^2\cos(xy^2)+2xy^3e^{x^2y^3}$$

$$f_y=\frac{\partial}{\partial y}f=2xy\cos(xy^2)+3x^2y^2e^{x^2y^3}$$

는 각각 연속이므로, [정리 5.3.1]에 의해 함수 f는 R^2에서 미분가능하다. □

정리 5.3.2

만약 이변량함수 f가 점 $\begin{pmatrix}x_0\\y_0\end{pmatrix}$에서 미분가능하면, f는 점 $\begin{pmatrix}x_0\\y_0\end{pmatrix}$에서 연속이다.

[증명]

함수 f가 점 $\begin{pmatrix}x_0\\y_0\end{pmatrix}$에서 연속임을 증명하려면

$$\lim_{\begin{pmatrix}x\\y\end{pmatrix}\to\begin{pmatrix}x_0\\y_0\end{pmatrix}}f\begin{pmatrix}x\\y\end{pmatrix}=f\begin{pmatrix}x_0\\y_0\end{pmatrix}$$

또는

$$\lim_{\binom{\Delta x}{\Delta y}\to\binom{0}{0}} f\begin{pmatrix} x_0+\Delta x \\ y_0+\Delta y \end{pmatrix} = f\begin{pmatrix} x_0 \\ y_0 \end{pmatrix}$$

임을 보이면 된다. 그런데 함수 f가 $\begin{pmatrix} x_0 \\ y_0 \end{pmatrix}$에서 미분가능하다고 가정했으므로 다음이 성립한다.

$$f\begin{pmatrix} x_0+\Delta x \\ y_0+\Delta y \end{pmatrix} - f\begin{pmatrix} x_0 \\ y_0 \end{pmatrix} = f_x\begin{pmatrix} x_0 \\ y_0 \end{pmatrix}\cdot \Delta x + f_y\begin{pmatrix} x_0 \\ y_0 \end{pmatrix}\cdot \Delta y + \epsilon_1\Delta x + \epsilon_2\Delta y$$

이때 $\begin{pmatrix} \Delta x \\ \Delta y \end{pmatrix} \to \begin{pmatrix} 0 \\ 0 \end{pmatrix}$으로 보내면

$$\lim_{\binom{\Delta x}{\Delta y}\to\binom{0}{0}} \left[f\begin{pmatrix} x_0+\Delta x \\ y_0+\Delta y \end{pmatrix} - f\begin{pmatrix} x_0 \\ y_0 \end{pmatrix} \right] = 0$$

이므로, 함수 f는 $\begin{pmatrix} x_0 \\ y_0 \end{pmatrix}$에서 연속이다. □

위의 정리의 역은 늘 성립하지 않는다. 즉 주어진 점에서 연속이라도 미분가능하지 않을 수 있다.

예제 다음 함수 f는 $\begin{pmatrix} 0 \\ 0 \end{pmatrix}$에서 연속이지만 미분가능하지 않음을 보여라.

$$f\begin{pmatrix} x \\ y \end{pmatrix} = \sqrt{x^2+y^2}$$

풀이 함수 f의 편도함수 f_x, f_y는 각각

$$f_x = \frac{\partial}{\partial x} f = \frac{x}{\sqrt{x^2+y^2}}$$

$$f_y = \frac{\partial}{\partial y} f = \frac{y}{\sqrt{x^2+y^2}}$$

이므로, $f_x\begin{pmatrix} 0 \\ 0 \end{pmatrix}$와 $f_y\begin{pmatrix} 0 \\ 0 \end{pmatrix}$를 구할 수 없다. 따라서 함수 f는 $\begin{pmatrix} 0 \\ 0 \end{pmatrix}$에서 미분가능하지 않다.

□

요약

만약 이변량함수 f의 편도함수 $f_x(x, y)$, $f_y(x, y)$가 (x_0, y_0)에서 연속이면, 이때 $f(x, y)$는 (x_0, y_0)에서 연속이다.

(1) 연쇄법칙

이변량함수의 연쇄법칙에 관하여 살펴보기 전에 우선 일변량함수의 연쇄법칙을 상기하여 보자. 만약 두 함수 f, g

$$y = f(u)$$
$$u = g(x)$$

가 미분가능하다면, 두 함수를 합성한 합성함수 $y = f\{g(x)\}$를 미분하면

$$\frac{dy}{dx} = \frac{dy}{du} \cdot \frac{du}{dx} = f'(g(x)) \cdot g'(x)$$

이다.

이변량함수 f의 연쇄법칙을 다룬 다음 정리를 보자.

정리 5.3.3 **(연쇄법칙 1)**

만약 이변량함수 $z = f(x, y)$와 $x = x(t)$, $y = y(t)$ 모두 미분가능하면, 이변량함수 z는 변수 t의 함수로 표현되며,

$$\frac{dz}{dt} = \frac{\partial z}{\partial x} \cdot \frac{dx}{dt} + \frac{\partial z}{\partial y} \cdot \frac{dy}{dt}$$

이다.

[증명] 함수 f가 미분가능하므로

$$\Delta z = f(x+\Delta x,\ y+\Delta y) - f(x,\ y) = f_x \cdot \Delta x + f_y \cdot \Delta y + \epsilon_1 \Delta x + \epsilon_2 \Delta y$$

이다. Δt로 양변을 나누면

$$\frac{\Delta z}{\Delta t} = f_x \cdot \frac{\Delta x}{\Delta t} + f_y \cdot \frac{\Delta y}{\Delta t} + \epsilon_1 \frac{\Delta x}{\Delta t} + \epsilon_2 \frac{\Delta y}{\Delta t}$$

가 성립한다. 이때 $\Delta t \to 0$으로 보내면, $x(t)$와 $y(t)$ 모두 미분가능하므로 $\Delta x \to 0$이고 $\Delta y \to 0$이 된다. 또한 $\epsilon_1 \to 0$, $\epsilon_2 \to 0$이므로

$$\frac{dz}{dt} = \lim_{\Delta t \to 0} \frac{\Delta z}{\Delta t} = f_x \cdot \frac{dx}{dt} + f_y \cdot \frac{dy}{dt}$$

가 성립한다. □

예제 $z = xy^2$, $x = \cos t$, $y = \sin t$일 때 $\dfrac{dz}{dt}$를 구하라.

풀이

$$\frac{dz}{dt} = \frac{\partial z}{\partial x} \cdot \frac{dx}{dt} + \frac{\partial z}{\partial y} \cdot \frac{dy}{dt} = y^2(-\sin t) + 2xy(\cos t)$$

$$= \sin^2 t(-\sin t) + 2\cos^2 t \sin t$$

$$= \sin t(-\sin^2 t + 2\cos^2 t)$$

□

예제 $z = f(x,\ y)$, $x = a + ht$, $y = b + kt$일 때

(1) $\dfrac{dz}{dt}$를 구하라.

(2) $\dfrac{d^2 z}{dt^2}$를 구하라.

(3) $\dfrac{d^3 z}{dt^3}$를 구하라.

풀이

(1) $\dfrac{dz}{dt} = \dfrac{\partial z}{\partial x} \cdot \dfrac{dx}{dt} + \dfrac{\partial z}{\partial y} \cdot \dfrac{dy}{dt} = h\dfrac{\partial z}{\partial x} + k\dfrac{\partial z}{\partial y}$

$$= \left(h\frac{\partial}{\partial x} + k\frac{\partial}{\partial y}\right)z$$

(2) $\dfrac{d^2z}{dt^2} = \dfrac{d}{dt}\left(h\dfrac{\partial z}{\partial x} + k\dfrac{\partial z}{\partial y}\right) = \dfrac{\partial}{\partial x}\left(h\dfrac{\partial z}{\partial x} + k\dfrac{\partial z}{\partial y}\right)\dfrac{dx}{dt} + \dfrac{\partial}{\partial y}\left(h\dfrac{\partial z}{\partial x} + k\dfrac{\partial z}{\partial y}\right)\dfrac{dy}{dt}$

$$= h^2\frac{\partial^2 z}{\partial x^2} + k \cdot h \cdot \frac{\partial^2 z}{\partial x \partial y} + h \cdot k \cdot \frac{\partial^2 z}{\partial y \partial x} + k^2 \cdot \frac{\partial^2 z}{\partial y^2}$$

$$= h^2\frac{\partial^2 z}{\partial x^2} + 2hk \cdot \frac{\partial^2 z}{\partial x \partial y} + k^2 \cdot \frac{\partial^2 z}{\partial y^2} \quad (\because\ f_{xy} = f_{yx})$$

$$= \left(h\frac{\partial}{\partial x} + k\frac{\partial}{\partial y}\right)^2 z$$

(3) $\dfrac{d^3z}{dt^3} = \dfrac{d}{dt}\left(h^2\dfrac{\partial^2 z}{\partial x^2} + 2hk \cdot \dfrac{\partial^2 z}{\partial x \partial y} + k^2 \cdot \dfrac{\partial^2 z}{\partial y^2}\right)$

$$= \frac{\partial}{\partial x}\left(h^2\frac{\partial^2 z}{\partial x^2} + 2hk \cdot \frac{\partial^2 z}{\partial x \partial y} + k^2 \cdot \frac{\partial^2 z}{\partial y^2}\right) \cdot \frac{dx}{dt}$$

$$+ \frac{\partial}{\partial y}\left(h^2\frac{\partial^2 z}{\partial x^2} + 2hk \cdot \frac{\partial^2 z}{\partial x \partial y} + k^2 \cdot \frac{\partial^2 z}{\partial y^2}\right) \cdot \frac{dy}{dt}$$

$$= h^3 \cdot f_{xxx} + 3h^2k \cdot f_{xxy} + 3hk^2 \cdot f_{xyy} + k^3 \cdot f_{yyy}$$

$$= \left(h\frac{\partial}{\partial x} + k\frac{\partial}{\partial y}\right)^3 z$$

□

정리 5.3.4 (연쇄법칙 2)

만약 이변량함수 $z=f(x,\ y)$와 $x=x(r,\ s)$, $y=y(r,\ s)$ 모두 미분가능하면, 이변량함수 z는 변수 r과 s의 함수로 표현되며,

$$\frac{dz}{dr}=\frac{\partial z}{\partial x}\cdot\frac{\partial x}{\partial r}+\frac{\partial z}{\partial y}\cdot\frac{\partial y}{\partial r}$$

$$\frac{dz}{ds}=\frac{\partial z}{\partial x}\cdot\frac{\partial x}{\partial s}+\frac{\partial z}{\partial y}\cdot\frac{\partial y}{\partial s}$$

이다.

[증명] 이변량함수 $x(r,\ s)$, $y(r,\ s)$ 모두 미분가능하므로, 변수 r의 증분 $\triangle r>0$에 대하여

$$\triangle x=x(r+\triangle r,\ s)$$

$$\triangle y=y(r+\triangle r,\ s)$$

이고, 이때 $\triangle r\to 0$으로 보내면 $\triangle x\to 0$이고 $\triangle y\to 0$이다. 함수 z가 미분가능하므로

$$\triangle z=f(x+\triangle x,\ y+\triangle y)-f(x,\ y)=f_x\cdot\triangle x+f_y\cdot\triangle y+\epsilon_1\triangle x+\epsilon_2\triangle y$$

이다. $\triangle r$로 양변을 나누면

$$\frac{\triangle z}{\triangle r}=f_x\cdot\frac{\triangle x}{\triangle r}+f_y\cdot\frac{\triangle y}{\triangle r}+\epsilon_1\frac{\triangle x}{\triangle r}+\epsilon_2\frac{\triangle y}{\triangle r}$$

가 성립한다. 이때 $\triangle r\to 0$으로 보내면, $\triangle x\to 0$이고 $\triangle y\to 0$이 된다. 또한 $\epsilon_1\to 0,\ \epsilon_2\to 0$이므로

$$\frac{\partial z}{\partial r}=\lim_{\triangle r\to 0}\frac{\triangle z}{\triangle r}=f_x\cdot\frac{\partial x}{\partial r}+f_y\cdot\frac{\partial y}{\partial r}$$

이다. 변수 s에 관하여도 마찬가지이다. □

예제 $z = x^2y^3$, $x = r - s^2$, $y = 2s + r$일 때

(1) $\dfrac{\partial z}{\partial r}$를 공식에 의하여 구하라.

(2) 함수 z를 r과 s의 함수로 표현한 후, $\dfrac{\partial z}{\partial r}$를 구하라.

풀이

(1) $\dfrac{\partial z}{\partial r} = \dfrac{\partial z}{\partial x} \cdot \dfrac{\partial x}{\partial r} + \dfrac{\partial z}{\partial y} \cdot \dfrac{\partial y}{\partial r}$

$= 2xy^3 + 3x^2y^2$

$= 2(r - s^2)(2s + r)^3 + 3(r - s^2)(2s + r)^2$

(2) $z = x^2y^3 = (r - s^2)^2(2s + r)^3$

$\dfrac{\partial z}{\partial r} = 2(r - s^2)(2s + r)^3 + 3(r - s^2)(2s + r)^2$

두 방법으로 구한 결과는 모두 동일함을 알 수 있다. 그러나 이와 같은 검산을 항상 할 수 있는 것은 아니다. □

(2) 접평면

연속인 이변량함수 $z = f(x, y)$는 R^3에서 곡면을 형성한다. 일변량함수가 미분가능하면, 각 점에서 유일한 접선이 존재하는 것과 같이, 이변량함수가 미분가능하면, 유일한 접평면(tangent plane)이 존재한다.

곡면상의 한 점 $\begin{pmatrix} x_0 \\ y_0 \\ z_0 \end{pmatrix}$에서 접평면 π를 구해보자([그림 5.3.1] 참조).

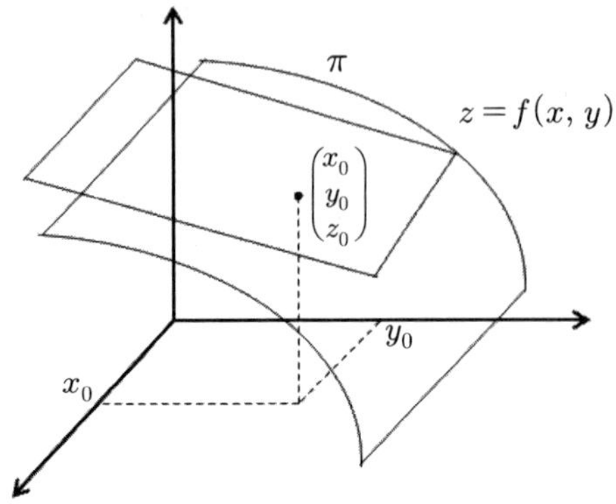

[그림 5.3.1]

π가 접평면이 되려면

(1) 함수 $f(x, y)$와 공통점 $\begin{pmatrix} x_0 \\ y_0 \\ z_0 \end{pmatrix}$을 가지고

(2) 점 $\begin{pmatrix} x_0 \\ y_0 \\ z_0 \end{pmatrix}$에서 함수 $f(x, y)$와 동일한 편미분계수를 가져야 하므로 접평면의 식은

다음 형태를 가진다.

$$\pi : z - z_0 = f_x(x - x_0) + f_y(y - y_0)$$

이 식은 점 $\begin{pmatrix} x_0 \\ y_0 \end{pmatrix}$에서의 함수 f의 미분(differential)인

$$dz = f_x \cdot dx + f_y \cdot dy$$

로 표현할 수 있다.

예제 다음 함수의 접평면을 점 $\begin{pmatrix} 2 \\ 1 \\ 8 \end{pmatrix}$에서 구하라.

$$f(x, y) = x^3 y^5$$

풀이

$$\frac{\partial f}{\partial x} = 3x^2y^5$$

$$\frac{\partial f}{\partial y} = 5x^3y^4$$

이므로, 접평면 π는 다음과 같다.

$$z - z_0 = f_x(x - x_0) + f_y(y - y_0)$$

$$\Rightarrow$$

$$z - 8 = 12(x - 2) + 40(y - 1)$$

□

연습문제 5.3

1. 다음 함수가 미분가능함을 정의에 의해 보여라.

(1) $f(x,\ y) = x^2 + y^2$　　　(2) $f(x,\ y) = x^2 y$

2. 다음 함수 f에 대하여

$$f\begin{pmatrix} x \\ y \end{pmatrix} = \begin{cases} \dfrac{xy}{\sqrt{x^2+y^2}} & \text{if } \begin{pmatrix} x \\ y \end{pmatrix} \neq \begin{pmatrix} 0 \\ 0 \end{pmatrix} \\ 0 & \text{if } \begin{pmatrix} x \\ y \end{pmatrix} = \begin{pmatrix} 0 \\ 0 \end{pmatrix} \end{cases}$$

(1) 함수 f는 $(0,\ 0)$에서 연속임을 보여라.

(2) 편도함수 $f_x(0,\ 0)$와 $f_y(0,\ 0)$를 구하라.

(3) 함수 f는 $(0,\ 0)$에서 미분가능하지 않음을 보여라.

3. 연쇄법칙을 이용하여 $\dfrac{dz}{dt}$를 구하라.

(1) $z = xy,\ x = e^t,\ y = e^{2t}$

(2) $z = e^x \sin y,\ x = \sqrt{t},\ y = \sqrt[3]{t}$

(3) $z = xy - yz + zx,\ x = e^t,\ y = e^{2t},\ z = e^{3t}$

(4) $z = \ln(2x - 3y),\ x = \tan t,\ y = e^t$

4. 연쇄법칙을 이용하여, 주어진 편도함수를 구하라.

(1) $z = xy;\ x = r + s;\ y = r - s$ $\quad \left(\dfrac{\partial z}{\partial r},\ \dfrac{\partial z}{\partial s},\ \dfrac{\partial^2 z}{\partial r^2},\ \dfrac{\partial^2 z}{\partial s^2}\right)$

(2) $z = x^2 y^3;\ x = r - s^2;\ y = 2s + r$ $\quad \left(\dfrac{\partial z}{\partial r},\ \dfrac{\partial z}{\partial s},\ \dfrac{\partial^2 z}{\partial r^2},\ \dfrac{\partial^2 z}{\partial s^2}\right)$

(3) $w = \ln(x + 2y + 3z);\ x = rt + s;\ y = t - s^2,\ z = e^{r+s}$ $\quad \left(\dfrac{\partial w}{\partial r},\ \dfrac{\partial w}{\partial s},\ \dfrac{\partial w}{\partial t}\right)$

(4) $w = e^{\frac{xy}{z}};\ x = r^2 + t;\ y = s^2 - t^2;\ z = r^2 + s$ $\quad \left(\dfrac{\partial w}{\partial r},\ \dfrac{\partial w}{\partial s},\ \dfrac{\partial w}{\partial t}\right)$

5. 다음 함수의 접평면 π를 주어진 점에서 구하라.

(1) $x^2 + y^2 + z^2 = 1$; $(0,\ 0,\ 1)$

(2) $\sqrt{x} + \sqrt{y} + \sqrt{z} = 5$; $(4,\ 1,\ 4)$

(3) $xyz = 2$; $(1,\ 1,\ 2)$

(4) $e^{xyz} = 3$; $(1,\ 1,\ \ln 3)$

5.4 이변량함수의 최대와 최소

일변량함수 f의 최대값이나 최소값을 구하기 위하여, 그 함수가 폐구간 $[a,\ b]$에서 연속인 사실을 이용하였다. 만약 함수 f가 미분가능하고 점 c에서의 미계수가 $f'(c)=0$이라면, 이때 점 c를 임계점(critical point)이라 정의한다. 주로 임계점에서 발생하는 이변량함수의 극대값(local maximum)과 극소값(local minimum)을 정의하여 보자.

정의 (이변량함수의 극대, 극소)

이변량함수 f가 $\begin{pmatrix} x_0 \\ y_0 \end{pmatrix}$의 근방 $N\begin{pmatrix} x_0 \\ y_0 \end{pmatrix}$에서 정의되었다.

(1) 만약 $N\begin{pmatrix} x_0 \\ y_0 \end{pmatrix}$에 속하는 모든 점 $\begin{pmatrix} x \\ y \end{pmatrix}$에서

$$f\begin{pmatrix} x \\ y \end{pmatrix} \le f\begin{pmatrix} x_0 \\ y_0 \end{pmatrix}$$

를 만족하면, 함수 f는 $\begin{pmatrix} x_0 \\ y_0 \end{pmatrix}$에서 극대값을 가진다고 정의한다.

(2) 만약 $N\begin{pmatrix} x_0 \\ y_0 \end{pmatrix}$에 속하는 모든 점 $\begin{pmatrix} x \\ y \end{pmatrix}$에서

$$f\begin{pmatrix} x \\ y \end{pmatrix} \ge f\begin{pmatrix} x_0 \\ y_0 \end{pmatrix}$$

를 만족하면, 함수 f는 $\begin{pmatrix} x_0 \\ y_0 \end{pmatrix}$에서 극소값을 가진다고 정의한다.

(3) 만약 함수 f가 $\begin{pmatrix} x_0 \\ y_0 \end{pmatrix}$에서 극대값 또는 극소값을 가진다면, 이때 점 $\begin{pmatrix} x_0 \\ y_0 \end{pmatrix}$를 극점 (extreme point)이라 부른다.

정리 5.4.1

만약 이변량함수 f가 $\begin{pmatrix} x_0 \\ y_0 \end{pmatrix}$에서 미분가능하고 점 $\begin{pmatrix} x_0 \\ y_0 \end{pmatrix}$가 극점이라면,

$$f_x = \begin{pmatrix} x_0 \\ y_0 \end{pmatrix} = 0,\ f_y = \begin{pmatrix} x_0 \\ y_0 \end{pmatrix} = 0$$

이다.

[증명] 새로운 함수 h를

$$h(x) = f(x,\ y_0)$$

로 놓으면, f는 미분가능하므로

$$h(x_0) = f(x_0,\ y_0)$$

$$h'(x_0) = f_x(x_0,\ y_0)$$

이다. 또한 함수 f는 $(x_0,\ y_0)$에서 극대값(또는 극소값)이므로,

$$h'(x_0) = f_x(x_0,\ y_0) = 0$$

가 성립한다. 마찬가지로 $f_y(x_0,\ y_0) = 0$를 보인다. □

예제 다음 함수는 $\begin{pmatrix} 0 \\ 0 \end{pmatrix}$에서 극소값을 가짐을 보여라.

$$f(x,\ y) = 1 + x^2 + 3y^2$$

풀이

$$f_x = \frac{\partial}{\partial x} f = 2x$$

$$f_y = \frac{\partial}{\partial y} f = 6y$$

따라서 $f_x = f_y = 0$를 만족하는 점 $\begin{pmatrix} 0 \\ 0 \end{pmatrix}$에서 극소값을 가진다. [그림 5.4.1]을 보라.

□

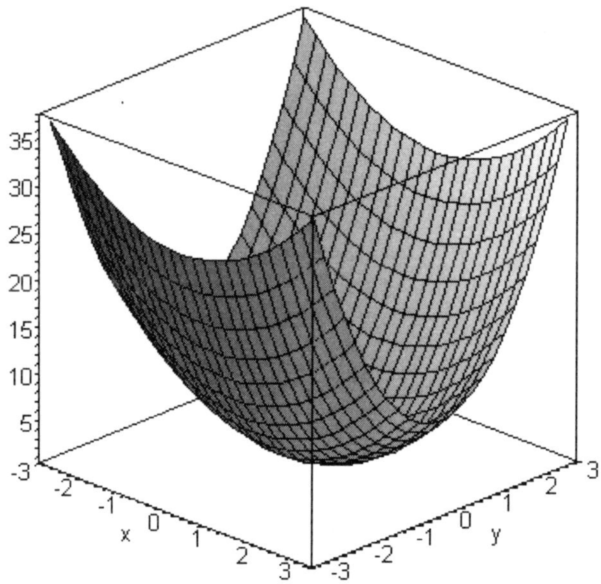

[그림 5.4.1] $f(x,\, y) = 1 + x^2 + 3y^2$의 그래프

〈Maple 명령문〉

$fxy := 1 + x^2 + 3 \cdot y^2;$

$plot3d(fxy,\, x = -3\,..\,3,\, y = -3\,..3,\, axes = boxed);$

위의 예에서 함수 f는 $f_x = f_y = 0$를 만족하는 점에서 극소값을 가짐을 보았다. 그러나 $f_x = f_y = 0$인 점에서 함수 f가 항상 극소값 또는 극대값을 가진다고 할 수는 없다.

정의 **(임계점)**

만약 이변량함수 f가 $\begin{pmatrix} a \\ b \end{pmatrix}$에서 미분가능하고

$$f_x(a,\ b) = f_y(a,\ b) = 0$$

이면, 이때 점 $\begin{pmatrix} a \\ b \end{pmatrix}$를 함수 f의 임계점(a critical point)이라고 정의한다.

예제 다음 함수는 $\begin{pmatrix} 0 \\ 0 \end{pmatrix}$에서 극치를 가지는가?

$$f(x,\ y) = x^2 - y^2$$

풀이

$$f_x = \frac{\partial}{\partial x} f = 2x \overset{let}{=} 0$$

$$f_y = \frac{\partial}{\partial y} f = -2y \overset{let}{=} 0$$

따라서 점 $\begin{pmatrix} 0 \\ 0 \end{pmatrix}$은 $f_x = f_y = 0$를 만족한다. 하지만 점 $\begin{pmatrix} 0 \\ 0 \end{pmatrix}$은 극점은 아니다. 왜냐하면 함수 f는 점 $\begin{pmatrix} 0 \\ 0 \end{pmatrix}$의 임의의 근방에서 0보다 크거나 작은 값을 가질 수 있기 때문이다.

$$f\begin{pmatrix} x \\ y \end{pmatrix} > 0 \quad \text{if} \quad |x| > |y|$$

$$f\begin{pmatrix} x \\ y \end{pmatrix} < 0 \quad \text{if} \quad |x| < |y|$$

[그림 5.4.2]를 보라. □

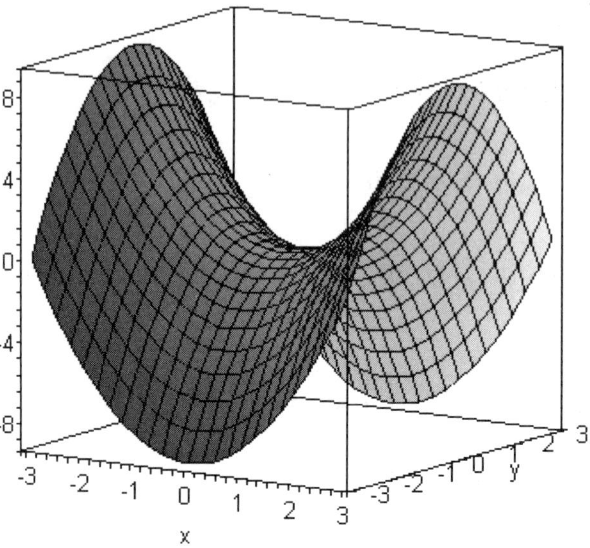

[그림 5.4.2]

〈Maple 명령문〉

$fxy := x^2 - y^2;$

$plot3d(fxy, x = -3 .. 3, y = -3 .. 3, axes = boxed);$

이때 위의 점 $\begin{pmatrix} 0 \\ 0 \end{pmatrix}$을 안부점(saddle point)이라 한다.

정의 **(안부점)**

만약 점 $\begin{pmatrix} a \\ b \end{pmatrix}$가 이변량함수 f의 임계점이지만 극점이 아니라면, 이때 점 $\begin{pmatrix} a \\ b \end{pmatrix}$를 함수 f의 안부점이라 정의한다.

일변수함수의 임계점이 극점인지 아닌지를 판정하려면 이차도함수에 관련된 지식이 필요한 것처럼, 이변량함수에 대하여는 이차편도함수에 관한 사실이 필요하다. 이에 앞서 이변량함수의 Taylor 정리를 살펴보자.

정리 5.4.2 (이변량함수의 Taylor 정리)

만약 이변량함수 f는 $(n+1)$번 편미분가능하고 $(n+1)$차 편도함수가 연속이라면, 다음 식

$$f(a+h,b+k) = f(a,\ b) + \left(h\frac{\partial}{\partial x} + k\frac{\partial}{\partial y}\right)f(a,\ b) + \frac{1}{2!}\left(h\frac{\partial}{\partial x} + k\frac{\partial}{\partial y}\right)^2 f(a,\ b) + \cdots$$
$$+ \frac{1}{n!}\left(h\frac{\partial}{\partial x} + k\frac{\partial}{\partial y}\right)^n f(a,\ b)$$
$$+ \frac{1}{(n+1)!}\left(h\frac{\partial}{\partial x} + k\frac{\partial}{\partial y}\right)^{n+1} f(a+\theta h,\ b+\theta k) \qquad (\text{단, } 0<\theta<1)$$

가 성립한다.

정리 5.4.3 (2차 도함수 판정)

점 $\begin{pmatrix} a \\ b \end{pmatrix}$는 이변량함수 f의 임계점이고, 이변량함수 f, f의 일차편도함수, 이차편도함수가 각각 점 $\begin{pmatrix} a \\ b \end{pmatrix}$의 근방 $N\begin{pmatrix} a \\ b \end{pmatrix}$에서 연속이다. 또한 판정식 D를

$$D(a,\ b) = \left[f_{xy}(a,\ b)\right]^2 - f_{xx}(a,\ b) \cdot f_{yy}(a,\ b)$$

라고 놓으면, 다음이 성립한다.

(1) 만약 $f_{xx}(a,\ b) > 0$이고 $D < 0$이면, 함수 f는 점 $(a,\ b)$에서 극소값을 가진다.
(2) 만약 $f_{xx}(a,\ b) < 0$이고 $D < 0$이면, 함수 f는 점 $(a,\ b)$에서 극대값을 가진다.
(3) 만약 $D > 0$이면, 점 $(a,\ b)$는 안부점이 된다.

위의 정리의 증명을 위하여 이변량함수의 Taylor 정리가 필요하지만, 여기에서는 생략하기로 한다. S. I. Grossman(1986, p584)에서 자세히 설명하였으니, 참고하기 바란다.

예제 다음 함수의 극대, 극소를 판정하라.

$$f(x,\ y) = x^2 + 3y^2$$

풀이

(1) 임계점을 구한다.

$$\begin{cases} \dfrac{\partial}{\partial x} f = 2x \overset{let}{=} 0 \\ \dfrac{\partial}{\partial y} f = 6y \overset{let}{=} 0 \end{cases}$$

따라서 점 $(0,\ 0)$이 함수 f의 임계점이다.

(2) 판정식 D를 구한다.

$$\begin{cases} \dfrac{\partial^2}{\partial x^2} f = 2 \\ \dfrac{\partial^2}{\partial y^2} f = 6 \\ \dfrac{\partial^2}{\partial y \partial x} f = 0 \end{cases}$$

$$-D = D' = \left| \begin{pmatrix} f_{xx} & f_{xy} \\ f_{yx} & f_{yy} \end{pmatrix} \right| = \begin{vmatrix} 2 & 0 \\ 0 & 6 \end{vmatrix} = 12$$

따라서 $f_{xx} > 0$이고 $D < 0$이므로, f는 $\begin{pmatrix} 0 \\ 0 \end{pmatrix}$에서 극소값을 가진다. □

예제 다음 함수의 극대, 극소를 판정하라.

$$f(x,\ y) = x^2 + xy + y^2$$

풀이

(1) 임계점을 구한다.

$$\begin{cases} \dfrac{\partial}{\partial x} f = 2x + y \overset{let}{=} 0 \\ \\ \dfrac{\partial}{\partial y} f = x + 2y \overset{let}{=} 0 \end{cases}$$

따라서 점 $(0,\ 0)$이 함수 f의 임계점이다.

(2) 판정식 D를 구한다.

$$\begin{cases} \dfrac{\partial^2}{\partial x^2} f = 2 \\ \\ \dfrac{\partial^2}{\partial y^2} f = 2 \\ \\ \dfrac{\partial^2}{\partial y \partial x} f = 1 \\ \\ \dfrac{\partial^2}{\partial x \partial y} f = 0 \end{cases}$$

$$-D = D' = \left| \begin{pmatrix} f_{xx} & f_{xy} \\ f_{yx} & f_{yy} \end{pmatrix} \right| = \begin{vmatrix} 2 & 1 \\ 1 & 2 \end{vmatrix} = 3$$

따라서 $f_{xx} > 0$이고 $D < 0$이므로, f는 $\begin{pmatrix} 0 \\ 0 \end{pmatrix}$에서 극소값을 가진다. □

예제 다음 함수의 극대, 극소를 판정하라.

$$f(x,\ y) = x^3 - 3xy + y^3$$

풀이

(1) 임계점을 구한다.

$$\begin{cases} \dfrac{\partial}{\partial x} f = 3x^2 - 3y \overset{let}{=} 0 \quad \cdots\cdots\cdots\cdots\cdots (1) \\ \\ \dfrac{\partial}{\partial y} f = 3y^2 - 3x \overset{let}{=} 0 \quad \cdots\cdots\cdots\cdots\cdots (2) \end{cases}$$

식 (2)에서 $x = y^2$이므로, 식 (1)에 대입하면

$$y^4 - y = 0$$

따라서 두 점 $\begin{pmatrix}0\\0\end{pmatrix}$, $\begin{pmatrix}1\\1\end{pmatrix}$는 임계점이다.

(2) 판정식 D를 구한다.

$$\begin{cases} \dfrac{\partial^2}{\partial x^2} f = 6x \\ \dfrac{\partial^2}{\partial y^2} f = 6y \\ \dfrac{\partial^2}{\partial y \partial x} f = -3 \\ \dfrac{\partial^2}{\partial x \partial y} f = -3 \end{cases}$$

$$-D = D' = \left|\begin{pmatrix} f_{xx} & f_{xy} \\ f_{yx} & f_{yy} \end{pmatrix}\right| = \begin{vmatrix} 6x & -3 \\ -3 & 6y \end{vmatrix}$$

따라서 점 $\begin{pmatrix}0\\0\end{pmatrix}$에서는 $D > 0$이므로, f는 $\begin{pmatrix}0\\0\end{pmatrix}$에서 안부점을 가진다. 또한 $\begin{pmatrix}1\\1\end{pmatrix}$에서는 $f_{xx} > 0$이고 $D < 0$이므로, f는 $\begin{pmatrix}1\\1\end{pmatrix}$에서 극소값을 가진다. □

연습문제 5.4

1. 주어진 함수들의 임계점을 구하라.

(1) $f(x, y) = x^2 + y^3 + 3xy$ (2) $f(x, y) = \sqrt{x^2 + y^2}$

(3) $f(x, y) = -x^2 - y^2 + 2x + 4y$ (4) $f(x, y) = \dfrac{1}{x} + \dfrac{2}{y} + 2x + y + 1$

2. 양수 x, y, z의 합이 12이고, 곱 xyz가 최대가 되는 x, y, z의 값을 구하라.

3. 세 종류의 수의 합이 50이고, 제곱합

$$x^2 + y^2 + z^2$$

을 최소로 하는 x, y, z의 값을 구하라.

4. 점 $\begin{pmatrix} 2 \\ 0 \\ 1 \end{pmatrix}$과 평면 $\pi : -x + y + z = 8$ 사이 거리의 최소값을 구하라.

5. 세 점 $(1, 1)$, $(2, 3)$, $(3, 6)$에 대한 회귀직선을 구하라.

5.5 방향도함수와 Lagrange 승수법

일변량함수의 미계수는 어떤 점에 접하는 접선의 기울기를 의미하는 것인바, 이를 이변량함수인 경우로 확장하여 보자.

정의 (이변량함수의 기울기벡터)

만약 이변량함수 f가 점 $\begin{pmatrix} x \\ y \end{pmatrix}$에서 편도함수인 f_x와 f_y를 가진다면, 이때 함수 f의 기울기벡터(the gradient of f) $\nabla f\begin{pmatrix} x \\ y \end{pmatrix}$를

$$\nabla f\begin{pmatrix} x \\ y \end{pmatrix} = \begin{pmatrix} f_x(x,\ y) \\ f_y(x,\ y) \end{pmatrix} = \begin{pmatrix} \dfrac{\partial}{\partial x} f(x,\ y) \\ \dfrac{\partial}{\partial y} f(x,\ y) \end{pmatrix}$$

라 정의한다.

이변량함수 f의 기울기벡터 ∇f는 2×1 벡터임에 유의하라.

예제 다음 함수의 기울기벡터를 점 $\begin{pmatrix} x \\ y \end{pmatrix}$에서 구하라.

$$f\begin{pmatrix} x \\ y \end{pmatrix} = xy$$

풀이

$$\frac{\partial}{\partial x} f = y$$

$$\frac{\partial}{\partial y} f = x$$

이므로, 함수 f의 기울기벡터는

$$\nabla f\begin{pmatrix} x \\ y \end{pmatrix} = \begin{pmatrix} \dfrac{\partial}{\partial x} f \\ \dfrac{\partial}{\partial y} f \end{pmatrix} = \begin{pmatrix} y \\ x \end{pmatrix}$$

이다. □

(1) 방향도함수

이변량함수 f의 편도함수

$$\frac{\partial}{\partial x} f\begin{pmatrix} x_0 \\ y_0 \end{pmatrix} = \lim_{\triangle x \to 0} \frac{f\begin{pmatrix} x_0 + \triangle x \\ y_0 \end{pmatrix} - f\begin{pmatrix} x_0 \\ y_0 \end{pmatrix}}{\triangle x}$$

는 x축과 평행인 벡터를 따라 점 $\begin{pmatrix} x_0 \\ y_0 \end{pmatrix}$에 접근할 때의 함수 f의 변화율을 나타낸다. 그런데 점 $\begin{pmatrix} x_0 \\ y_0 \end{pmatrix}$에 접근할 때 x축 또는 y축에 평행하지 않은 벡터를 따라 함수 f의 변화율을 계산해 볼 수 있을 것이다.

점 $\begin{pmatrix} x \\ y \end{pmatrix}$가 점 $\begin{pmatrix} x_0 \\ y_0 \end{pmatrix}$에 두 점을 연결하는 선을 따라 접근한다고 하고, 두 점 사이의 거리를 t라고 하자. 벡터 $\underline{u} = \begin{pmatrix} u_1 \\ u_2 \end{pmatrix}$는 시점이 $\begin{pmatrix} x_0 \\ y_0 \end{pmatrix}$이고 방향이 $\overrightarrow{PQ}$인 단위벡터라 하자([그림 5.5.1]을 보라).

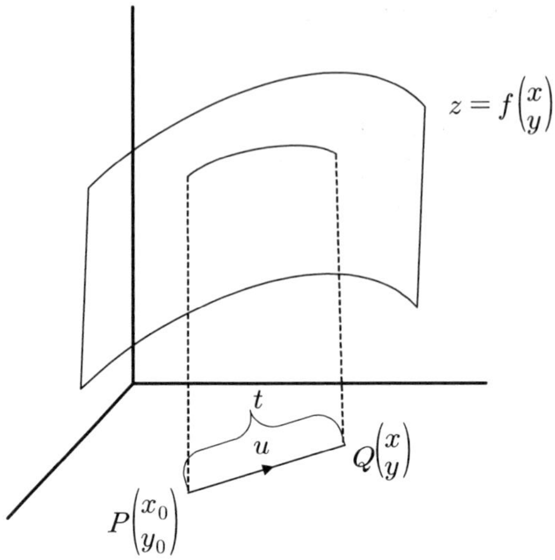

[그림 5.5.1]

점 $\begin{pmatrix} x \\ y \end{pmatrix}$가 $\begin{pmatrix} x_0 \\ y_0 \end{pmatrix}$에 벡터 $\overrightarrow{PQ}$를 따라 접근함은 두 점 사이의 거리 t가 0으로 간다는 의미이므로, 점 $\begin{pmatrix} x \\ y \end{pmatrix}$가 $\begin{pmatrix} x_0 \\ y_0 \end{pmatrix}$에 접근할 때 함수 f의 순간변화율은 $\frac{dz}{dt}$로 표현할 수 있다. 그런데

$$z = f(x,\ y) = f(x_0 + tu_1,\ y_0 + tu_2)$$

이므로, 점 $\begin{pmatrix} x_0 \\ y_0 \end{pmatrix}$에서 함수 f의 순간변화율은 연쇄법칙에 의해

$$\begin{aligned} \frac{dz}{dt} &= \frac{\partial}{\partial x} f(x,\ y) \cdot \frac{dx}{dt} + \frac{\partial}{\partial y} f(x,\ y) \cdot \frac{dy}{dt} \\ &= f_x(x_0,\ y_0) \cdot u_1 + f_y(x_0,\ y_0) \cdot u_2 \\ &= \nabla f(x_0,\ y_0) \cdot \underline{u} \end{aligned}$$

가 된다.

정의 **(방향도함수)**

만약 이변량함수 f가 점 $\underline{x_0} = \begin{pmatrix} x_0 \\ y_0 \end{pmatrix}$에서 미분가능하고 벡터 $\underline{d}$는 단위벡터라면, 함수 f의 벡터 $\underline{d}$ 방향으로의 방향도함수(the directional derivative) $f'_{\underline{d}}(\underline{x_0})$를 다음과 같이 정의한다.

$$f'_{\underline{d}}(\underline{x_0}) = \lim_{t \to 0} \frac{f(\underline{x_0} + t\underline{d}) - f(\underline{x_0})}{t} = \nabla f(\underline{x_0}) \cdot \underline{d}$$

벡터 $\underline{d} = \begin{pmatrix} 1 \\ 0 \end{pmatrix}$에 대한 방향도함수는 편도함수 $\frac{\partial}{\partial x} f$임에 유의하라.

예제

$$f(x,\ y) = xy^2$$

$$\underline{d} \propto \begin{pmatrix} 2 \\ 3 \end{pmatrix}$$

일 때, $\begin{pmatrix} 4 \\ -1 \end{pmatrix}$에서 $\underline{d}$ 방향으로의 방향도함수를 구하라.

풀이

$$f'_{\underline{d}}(\underline{x_0}) = \nabla f(\underline{x_0}) \cdot \underline{d}$$

이므로

(1) 기울기 벡터

$$\nabla f(\underline{x_0}) = \left| \begin{pmatrix} y^2 \\ 2xy \end{pmatrix} \right|_{\begin{pmatrix} 4 \\ -1 \end{pmatrix}} = \begin{pmatrix} 1 \\ -8 \end{pmatrix}$$

(2) 단위벡터 $\underline{d}$

$$\underline{d} = \begin{pmatrix} \frac{2}{\sqrt{13}} \\ \frac{3}{\sqrt{13}} \end{pmatrix}$$

따라서 방향도함수는 다음과 같다.

$$f'_{\underline{d}}(\underline{x_0}) = \nabla f(\underline{x_0}) \cdot \underline{d} = \begin{pmatrix} 1 \\ -8 \end{pmatrix} \cdot \begin{pmatrix} \frac{2}{\sqrt{13}} \\ \frac{3}{\sqrt{13}} \end{pmatrix} = \frac{-22}{\sqrt{13}} \qquad \square$$

방향도함수의 정의에 의해, 방향도함수의 크기는 $\underline{d} \propto \nabla f$일 때 최대가 된다. 다음 정리를 보자.

정리 5.5.1

만약 이변량함수 f가 미분가능하다면,

(1) 함수 f는 기울기벡터 방향으로 최대로 증가한다.
(2) 함수 f는 기울기벡터 반대 방향으로 최대로 감소한다.
(3) 함수 f는 기울기벡터와 직교하는 방향으로 최소로 변화한다.

예제 이변량함수 f에 대하여 다음 질문에 답하라.

$$f(x,\ y) = 25 - \frac{1}{2}x^2 - 2y^2$$

(1) 점 $\begin{pmatrix} 1 \\ -2 \end{pmatrix}$에서 f의 값이 최대로 증가하는 방향과 그 크기는?

(2) f의 값이 최대로 감소하는 방향은?

(3) f의 값이 최소로 변화하는 방향은?

풀이 점 $\begin{pmatrix} 1 \\ -2 \end{pmatrix}$에서 함수 f의 기울기벡터는

$$\nabla f = \begin{pmatrix} -x \\ -4y \end{pmatrix} = \begin{pmatrix} -1 \\ 8 \end{pmatrix}$$

이므로

(1) 최대로 증가하는 방향은 $\begin{pmatrix}-1\\8\end{pmatrix}$이고, 그 크기는 $\begin{pmatrix}-1\\8\end{pmatrix}\cdot\begin{pmatrix}\dfrac{-1}{\sqrt{65}}\\\dfrac{8}{\sqrt{65}}\end{pmatrix}=\sqrt{65}$ 이다.

(2) 최대로 감소하는 방향은 $\begin{pmatrix}1\\-8\end{pmatrix}$이다.

(3) Df와 직교하는 벡터는 $\begin{pmatrix}8\\1\end{pmatrix}$이므로, f의 값은 이 방향 또는 반대 방향으로 최소로 변화한다. □

(2) 등고선도와 접선의 기울기

이변량함수 f의 기울기벡터와 f의 등고선도의 접선의 기울기방향벡터가 서로 직교함을 나타내 보자.

임의의 점 $\begin{pmatrix}a\\b\end{pmatrix}$에서 함수 f의 등고선도는

$$f(x,\ y)=k \qquad (\text{단, } f(a,\ b)=k)$$

를 만족하는 모든 점들의 집합이다. 양변을 x로 미분하면

$$\frac{\partial f}{\partial x}+\frac{\partial f}{\partial y}\cdot\frac{dy}{dx}=0$$

이므로

$$\nabla f=\begin{pmatrix}\dfrac{\partial f}{\partial x}\\\dfrac{\partial f}{\partial y}\end{pmatrix}\perp r=\begin{pmatrix}1\\\dfrac{dy}{dx}\end{pmatrix}$$

임을 알 수 있다. 함수 f의 기울기벡터와 등고선도의 접선의 기울기방향벡터 r은 서로 직교함을 의미한다.

예제 이변량함수

$$f(x,\ y) = x^2 - y^2 + xy$$

에 대하여 다음 질문에 답하라.

(1) 점 $\begin{pmatrix}1\\1\end{pmatrix}$에서 함수 f의 기울기벡터와 등고선에 대한 접선의 기울기방향벡터를 구하라.

(2) 점 $\begin{pmatrix}1\\0\end{pmatrix}$에서 같은 질문에 답하라.

풀이 함수 f의 기울기벡터는

$$\nabla f = \begin{pmatrix}\dfrac{\partial f}{\partial x}\\ \dfrac{\partial f}{\partial y}\end{pmatrix} = \begin{pmatrix}2x+y\\ -2y+x\end{pmatrix}$$

이고, 등고선의 접선에 대한 기울기방향벡터를 구하기 위해

$$x^2 - y^2 + xy = k$$

를, x에 대해 미분하면

$$2x - 2y\frac{dy}{dx} + y + x\frac{dy}{dx} = 0$$

이므로, 다음을 얻는다.

$$\frac{dy}{dx} = -\frac{y+2x}{x-2y}$$

$$(1)\ \nabla f = \begin{pmatrix}3\\ -1\end{pmatrix},\ \begin{pmatrix}1\\ \dfrac{dy}{dx}\end{pmatrix} = \begin{pmatrix}1\\3\end{pmatrix}$$

$$(2)\ \nabla f = \begin{pmatrix}2\\1\end{pmatrix},\ \begin{pmatrix}1\\ \dfrac{dy}{dx}\end{pmatrix} = \begin{pmatrix}1\\ -2\end{pmatrix}$$

따라서 두 벡터들은 각각 직교함을 알 수 있다([그림 5.5.2]를 보라).

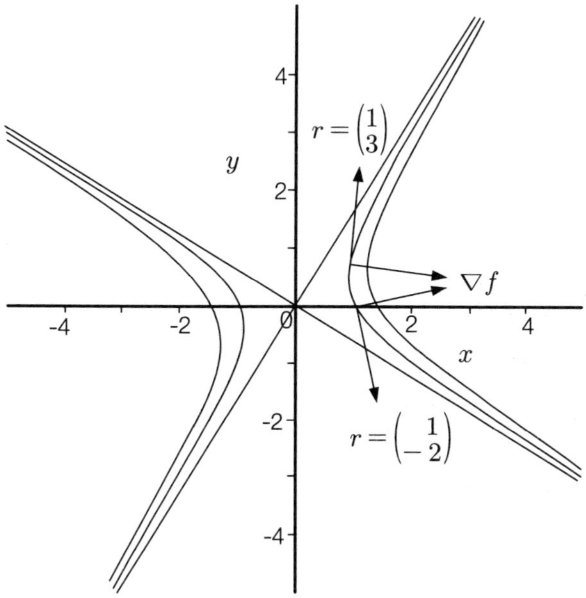

[그림 5.5.2] $f(x,\ y)=x^2-y^2+xy$의 기울기벡터와 r

〈Maple 명령문〉

$with(plots):$

$contourplot(x^2-y^2+x\cdot y,\ x=-5\,..5,\ y=-5\,..5,\ contours=[0,1,2]);$

(3) Lagrange 승수법

앞 절에서는 이변량함수의 최대값(최소값)을 얻기 위하여, 임계점을 구한 후 이차도함수 판정법을 이용하였다. 그런데 최대값을 구하는 문제에 간혹 제한조건(constraints)이 있는 경우가 있다. 즉, $g(x,\ y)=k$하에서 함수 f의 최적점을 구하는 경우이다. 다음 예를 보자.

예제 제약 $x^2+y^2=1$인 경우, $f=x+y$의 최대값(최소값)을 구하라.

이런 종류의 문제를 다음과 같이 표현할 수 있다.

곡선

$$C: F(t) = \begin{pmatrix} x(t) \\ y(t) \end{pmatrix} \quad \text{or} \quad \begin{pmatrix} x(t) \\ y(t) \\ z(t) \end{pmatrix}$$

상의 모든 점에 대하여 이변량함수(삼변량함수) f의 최대값(최소값)을 구한다.

정리 5.5.2

만약 이변량함수 f는 점 $\underline{x}_0$에서 미분가능하고, 곡선 C 위의 모든 점들 중에서 함수 f는 $\underline{x}_0$에서 최대값(또는 최소값)을 가진다면, 기울기벡터 $\nabla f(\underline{x}_0)$는 점 $\underline{x}_0$에서 곡선 C와 직교한다. 즉

$$\nabla f(\underline{x}_0) \perp F'(t_0) \qquad (\text{단, } \underline{x}_0 = F(t_0))$$

[증명] 곡선 C 위의 점 $\underline{x}$에 대해

$$\underline{x} = F(t)$$

이므로, 합성함수 $f(F(t))$는 $\underline{t}_0$에서 최대값(최소값)을 가진다. 따라서 t에 관하여 미분하면

$$\frac{d}{dt} f(F(t)) = \nabla f(F(t)) \cdot F(t)$$

이므로

$$\nabla f(F(t_0)) \perp F'(t_0)$$

이다. □

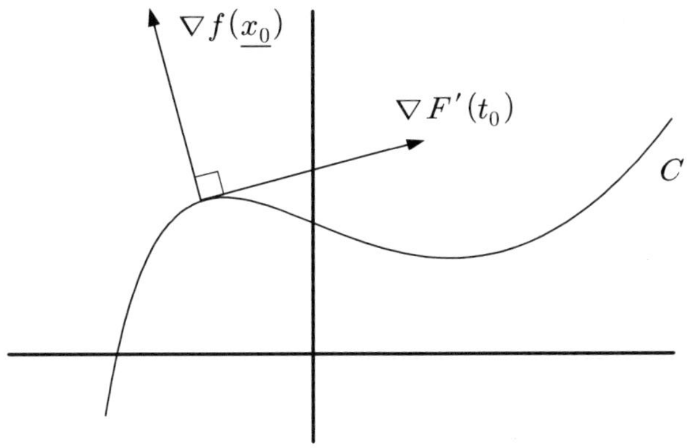

[그림 5.5.3]

함수 f가 이변량함수인 경우, [그림 5.5.3]을 보라. [정리 5.5.2]에 의해 $\nabla f(x_0, y_0)$는 점 $\begin{pmatrix} x_0 \\ y_0 \end{pmatrix}$에서 곡선 C의 접선과 직교하고, 제약조건 $C: g(x,\ y) = k$를 만족하는 함수 g의 $\nabla g(x_0, y_0)$도 점 $\begin{pmatrix} x_0 \\ y_0 \end{pmatrix}$에서 곡선 C의 접선과 직교하므로

$$\nabla f(x_0, y_0) \propto \nabla g(x_0, y_0)$$

가 된다. 따라서 Lagrange 함수 L

$$L = f(x,\ y) - \lambda g(x,\ y)$$

을 정의하여, 이 함수의 기울기벡터를 $\begin{pmatrix} 0 \\ 0 \end{pmatrix}$으로 놓고 풀어, 제약조건이 있는 함수의 최대값(최소값) 문제를 해결할 수 있다. λ를 Lagrange 승수(Lagrange multiplier)라 한다. 앞에서 언급한 예를 풀어보자.

예제 제약 $x^2 + y^2 = 1$인 경우, $f = x + y$의 최대값(최소값)을 구하라.

풀이 Lagrange 함수 L은

$$L = x + y + \lambda(x^2 + y^2 - 1)$$

이므로

$$\begin{cases} \dfrac{\partial}{\partial x}L = 1 + 2\lambda x \overset{let}{=} 0 & \cdots\cdots\cdots\cdots\cdots ① \\ \\ \dfrac{\partial}{\partial y}L = 1 + 2\lambda y \overset{let}{=} 0 & \cdots\cdots\cdots\cdots\cdots ② \\ \\ \dfrac{\partial}{\partial \lambda}L = x^2 + y^2 - 1 \overset{let}{=} 0 & \cdots\cdots\cdots\cdots\cdots ③ \end{cases}$$

를 얻는다.

$$x = y = -\frac{1}{2\lambda}$$

를 식 ③에 대입하면

$$\lambda = \pm\frac{1}{\sqrt{2}}$$

$$x = y = \mp\frac{1}{\sqrt{2}}$$

이므로, 함수 f는

$$\begin{cases} x = y = \dfrac{1}{\sqrt{2}} \text{ 일때 최대값 } \sqrt{2} \\ \\ x = y = -\dfrac{1}{\sqrt{2}} \text{ 일때 최소값 } -\sqrt{2} \end{cases}$$

를 가진다. □

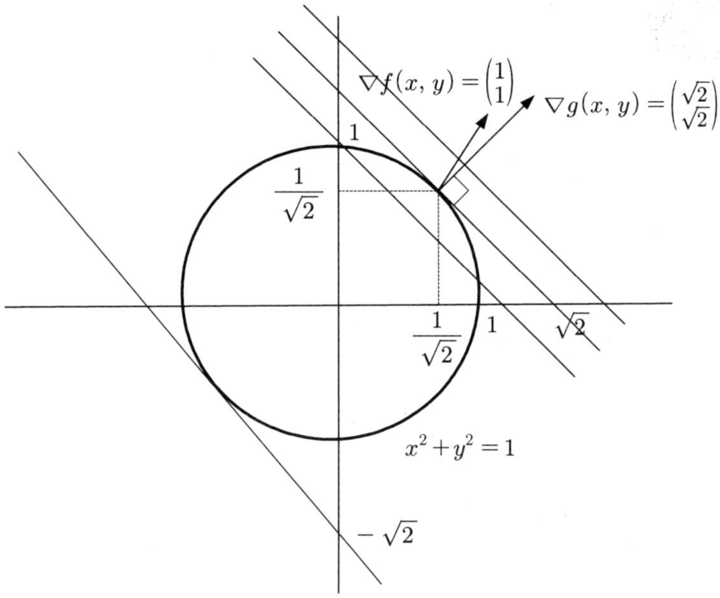

[그림 5.5.4] $f(x,\ y) = x + y$**의 등고선과** $g(x,\ y) = x^2 + y^2 = 1$**의 그림**

[그림 5.5.4]에 의하면, 최적점 $\begin{pmatrix} \pm \dfrac{1}{\sqrt{2}} \\ \pm \dfrac{1}{\sqrt{2}} \end{pmatrix}$에서 함수 f와 g의 기울기벡터는 같은 방향임을 알 수 있다.

연습문제 5.5

1. 주어진 점과 주어진 방향 d에서 방향도함수를 구하라.

(1) $f(x,\ y) = xy\ ;\begin{pmatrix}2\\3\end{pmatrix},\ \ d = \begin{pmatrix}1\\3\end{pmatrix}$

(2) $f(x,\ y) = \ln(x+3y)\ ;\begin{pmatrix}2\\4\end{pmatrix},\ \ d = \begin{pmatrix}1\\1\end{pmatrix}$

(3) $f(x,\ y) = \dfrac{x-y}{x+y}\ ;\begin{pmatrix}4\\3\end{pmatrix},\ \ d = \begin{pmatrix}-1\\-2\end{pmatrix}$

(4) $f(x,\ y) = xe^{y} + ye^{x}\ ;\begin{pmatrix}1\\2\end{pmatrix},\ \ d = \begin{pmatrix}1\\1\end{pmatrix}$

2. 이변량함수 f에 대하여 다음 질문에 답하라.

$$f(x,\ y) = x^2 - y^3 + x + 2y - 4$$

(1) 점 $\begin{pmatrix}1\\1\end{pmatrix}$에서 f의 값이 최대로 증가하는 방향과 그 크기를 구하라.

(2) 점 $\begin{pmatrix}1\\1\end{pmatrix}$에서 f의 값이 최대로 감소하는 방향은?

(3) 점 $\begin{pmatrix}1\\1\end{pmatrix}$에서 f의 값이 최소로 변화하는 방향은?

3. 이변량함수

$$T(x,\ y) = L - x^2 - \frac{y^2}{2}$$

에 대하여

(1) 점 $\begin{pmatrix}1\\1\end{pmatrix}$에서 함수 T의 기울기벡터를 구하라.

(2) 점 $\begin{pmatrix}1\\1\end{pmatrix}$에서의 등고선에 대한 접선의 기울기방향벡터를 구하라.

(3) 위에서 구한 두 벡터의 내적을 구하라.

4. 점 $\begin{pmatrix}1\\2\end{pmatrix}$에서 직선 $2x+3y=5$에 이르는 최소의 거리를 찾기 위하여, Lagrange 승수법을 이용하라.

5. 제약 $y=2x-1$인 경우

$$2x^2+xy+y^2-2y$$

의 최대값과 최소값을 각각 구하라.

6. $f(x,\ y,\ z)=\ x^4+x^3y+2x^2z+y^8\sin z+\ z^3$일 때, 점 $\begin{pmatrix}1\\2\\5\end{pmatrix}$에서 $\begin{pmatrix}5\\0\\7\end{pmatrix}$로의 방향도함수를 구하라.

6장

중적분

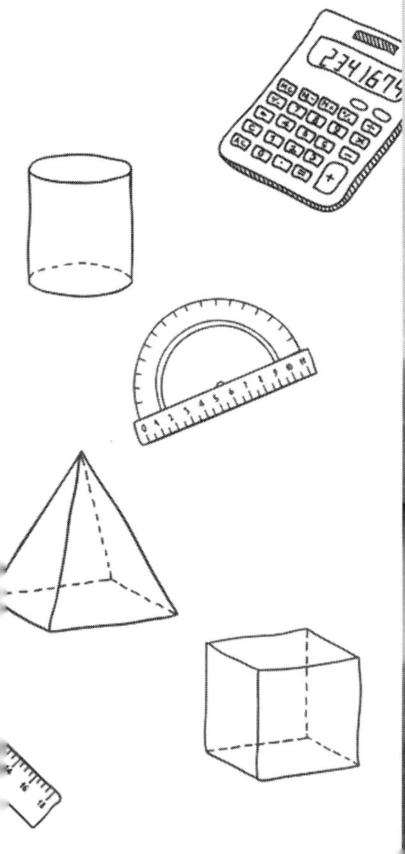

앞 장에서는 일변량함수의 적분에 관하여 공부하였다. 이 장에서는 일변량함수의 적분 개념을 확장한, 이변량함수의 적분에 관하여 다룰 예정이다.

이변량함수의 이중적분(double integral)을 정의하고, 이중적분의 변수변환과 극좌표변환 등을 공부한다.

6.1 곡면 아래의 체적과 이중적분

일변량함수의 정적분은 그 곡선 아래의 면적을 구하는 것과 마찬가지로, 이변량함수의 곡면 아래의 체적을 구하여 보자.

R^2 내의 영역 R을

$$R = \{(x,\ y) :\ a \le x \le b,\ c \le y \le d\}$$

로 놓고, R 위에서 연속인 함수 $f(x,\ y)$를

$$f(x,\ y) \ge\ 0$$

라고 가정한다. 이때 곡면 $f(x,\ y)$ 아래와 영역 R상의 체적 V

$$V = \iint_R f(x,\ y)\, dx\, dy$$

를 구하여 보자([그림 6.1.1]을 보라).

(1) 구간 $[a,\ b]$를 같은 길이의 조각으로 n등분하고, 구간 $[c,\ d]$를 마찬가지로 m등분한다.

$$a = x_0 < x_1 < x_2 < \cdots < x_{n-1} < x_n = b,$$

$$c = y_0 < y_1 < y_2 < \cdots < y_{m-1} < y_m = d$$

각 조각의 길이를

$$\triangle x = x_1 - x_0 = \frac{b-a}{n}$$

$$\triangle y = y_1 - y_0 = \frac{d-c}{m}$$

로, $(i,\ j)$번째 네모 영역 R_{ij}를

$$R_{ij} = \{(x,\ y) : x_{i-1} \le x \le x_i,\ \ y_{j-1} \le y \le y_j\} \text{ for } i = 1, 2, \cdots, n \ \ \& \ \ j = 1, 2, \cdots, m$$

로 정의한다.

(2) 네모 영역 R_{ij}에서 함수 $f(x,\ y)$의 최소값 m_{ij}와 최대값 M_{ij}를 구한다. 그런데

$$m_{ij} \le f(x,\ y) \le M_{ij} \quad on \ R_{ij}$$

&

$$m_{ij} \triangle x \triangle y \le \iint_{R_{ij}} f(x,\ y)\, dx\, dy \le M_{ij} \triangle x \triangle y$$

이므로, 모든 $i,\ j$에 대하여 합하면

$$L_{n,m} = \sum_i \sum_j m_{ij} \triangle x \triangle y \le \iint_R f(x,\ y) dx\, dy = \sum_i \sum_j \iint_{R_{ij}} f(x,\ y) dx\, dy$$
$$\le U_{n,m} = \sum_i \sum_j m_{ij} \triangle x \triangle y$$

가 성립함을 알 수 있다.

(3) 이때 만약 어떤 실수 k가 존재하여

$$\lim_{n,m \to \infty} U_{n,m} = \lim_{n,m \to \infty} L_{n,m} = k$$

이면,

$$V = \iint_R f(x,\ y) dx\, dy = k$$

라고 정의한다.

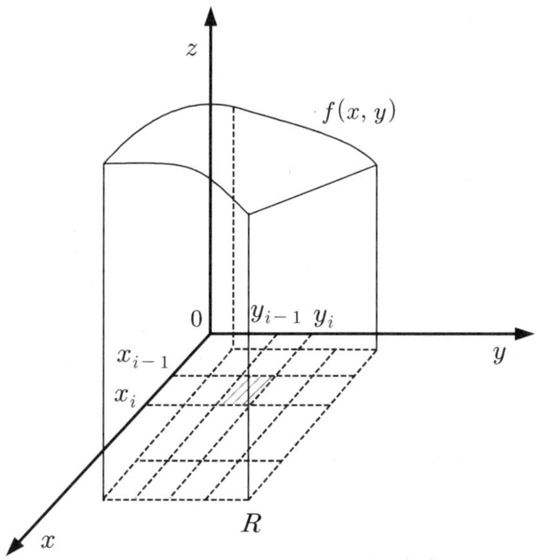

[그림 6.1.1]

예제 이변량함수

$$f(x,\ y) = 1 + 3x^2 + 2y$$

의 곡면 아래의 체적을, 정의를 이용하여 구하라.
(단, 영역 $R = \{(x,\ y) : 0 \le x \le 1,\ 1 \le y \le 2\}$)

풀이

(1) 구간 $[0,\ 1]$과 $[1,\ 2]$를 같은 길이의 조각으로 n등분하면

$$0 = x_0 < x_1 < \cdots < x_n = 1$$

$$1 = y_0 < y_1 < \cdots < y_n = 2$$

이므로, 다음이 성립한다.

$$x_i = \frac{i}{n},\quad \Delta x = \frac{1}{n}$$

$$y_j = 1 + \frac{j}{n},\quad \Delta y = \frac{1}{n}$$

(2) 함수 f는 각 변수에서 증가하므로

$$x_{i-1} \leq x \leq x_i\,,\;\; y_{j-1} \leq y \leq y_j$$

에서, 최소값 m_{ij}와 최대값 M_{ij}는 각각

$$m_{ij} = 1+3x_{i-1}^2+2y_{j-1} = 1+3\left(\frac{i-1}{n}\right)^2 + 2\left(1+\frac{j-1}{n}\right)$$

$$M_{ij} = 1+3x_i^2+2y_j = 1+3\left(\frac{i}{n}\right)^2 + 2\left(1+\frac{j}{n}\right)$$

이다. 따라서 다음이 성립한다.

$$L_{n,n} = \sum_i^n\sum_j^n\left[1+3\left(\frac{i-1}{n}\right)^2+2\left(1+\frac{j-1}{n}\right)\right] \cdot \frac{1}{n}\frac{1}{n}$$

$$U_{n,n} = \sum_i^n\sum_j^n\left[1+3\left(\frac{i}{n}\right)^2+2\left(1+\frac{j}{n}\right)\right] \cdot \frac{1}{n}\frac{1}{n}$$

(3)

$$L_{n,n} = 1+3\sum_{i=1}^n\left(\frac{i-1}{n}\right)^2 \cdot \frac{1}{n}+2\sum_{j=1}^n\left(1+\frac{j-1}{n}\right) \cdot \frac{1}{n}$$

$$= 1+3 \cdot \frac{1}{n^3} \cdot \frac{(n-1)n(2n-1)}{6} + 2\left(1+\frac{1}{n^2} \cdot \frac{n(n-1)}{2}\right)$$

$$\to 1+3 \cdot \frac{2}{6} + 2\left(1+\frac{1}{2}\right) = 5$$

$$U_{n,n} = 1+3\sum_{i=1}^n\left(\frac{i}{n}\right)^2 \cdot \frac{1}{n}+2\sum_{j=1}^n\left(1+\frac{j}{n}\right) \cdot \frac{1}{n}$$

$$= 1+3 \cdot \frac{1}{n^3} \cdot \frac{n(n+1)(2n+1)}{6} + 2\left(1+\frac{1}{n^2} \cdot \frac{n(n+1)}{2}\right)$$

$$\to 1+3 \cdot \frac{2}{6} + 2\left(1+\frac{1}{2}\right) = 5$$

이므로, 곡면 아래의 체적 V는

$$V = \iint_R f(x, y)dx\,dy = 5$$

이다. □

위 예의 계산 과정은 너무 지루함을 보여준다. 이중적분을 정의하고 이중적분을 쉽게 할 수 있는 방법을 다루어 보자.

정의 **(이중적분, the double integral)**

영역 $R = \{(x, y) : a \le x \le b,\ c \le y \le d\}$상의 함수 $f(x, y)$에 대하여, 만약

$$\lim_{\substack{\triangle x \to 0 \\ \triangle y \to 0}} \sum_i^n \sum_j^m f(x_i^*, y_j^*) \triangle x \triangle y$$

의 값이 임의의 점 $(x_i^*, y_j^*) \in R_{ij}$에서 존재하고 동일하다면 함수 f는 적분가능하다고 하며, R상에서 함수 f의 이중적분을

$$\iint_R f(x, y)dA = \lim_{\substack{\triangle x \to 0 \\ \triangle y \to 0}} \sum_{i=1}^n \sum_{j=1}^m f(x_i^*, y_j^*) \triangle x \triangle y$$

로 정의한다. □

정의 **(반복적분, the repeared integral)**

다음과 같은 형태를 반복적분이라 한다.

$$\int_a^b \left\{ \int_c^d f(x, y)\,dy \right\} dx$$

$$\int_c^d \left\{ \int_a^b f(x, y)\,dx \right\} dy$$

□

정리 6.1.1 (Fubini's 정리)

영역 $R = \{(x, y):\ a \le x \le b,\ c \le y \le d\}$에서 만약 이변량함수 $f(x, y)$가 연속이면, 다음 관계가 성립한다.

$$\iint_R f(x, y)\,dx\,dy = \int_a^b \left\{ \int_c^d f(x, y)\,dy \right\} dx$$

$$= \int_c^d \left\{ \int_a^b f(x, y)\,dx \right\} dy$$

함수 f를 yz-평면에 평행하게 자른 후 얻은 슬라이스들의 체적을 모두 더하면 구하려는 체적에 근사할 것이다([그림 6.1.2]를 보라). i번째 슬라이스의 체적은 슬라이스의 얼굴 면적에 두께 Δx를 곱하면 된다.

만약 $f(x, y)$가 연속이면, i번째 슬라이스 얼굴 면적 A_i는

$$A_i = \int_c^d f(x_i,\ y)\,dy$$

로 주어지며, 이때 i번째 슬라이스의 체적 V_i는

$$V_i \simeq \left\{ \int_c^d f(x_i,\ y)\,dy \right\} \Delta x$$

이므로, 이를 모두 더하고 $\Delta x \to 0$으로 하면 다음을 얻는다.

$$V = \int_a^b \left\{ \int_c^d f(x, y)\,dy \right\} dx = \int_a^b A(x)\,dx$$

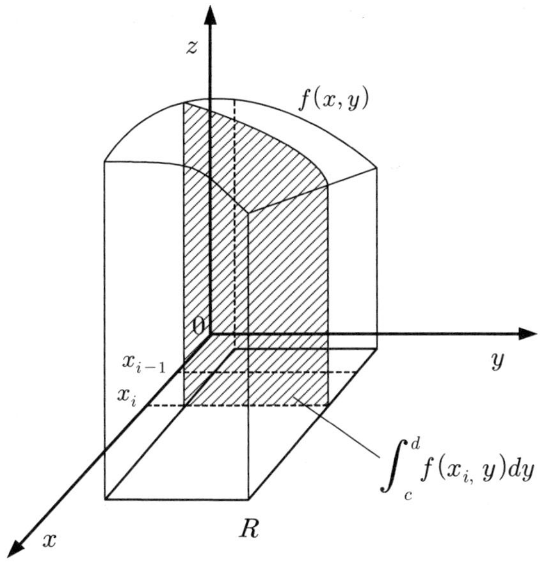

[그림 6.1.2]

예제 (계속) 이변량함수

$$f(x,\ y) = 1 + 3x^2 + 2y$$

의 곡면 아래의 체적을 구하라(단, 영역 $R = \{(x,\ y):\ 0 \le x \le 1,\ 1 \le y \le 2\}$).

풀이 이변량함수 f는 연속이므로, 반복적분을 이용한다.

$$U = \iint_R f(x,\ y)\, dy\, dx$$

$$= \int_0^1 \left\{ \int_1^2 (1 + 3x^2 + 2y)\, dy \right\} dx$$

$$= \int_0^1 \left[y + 3x^2 y + y^2 \right]_1^2 dx$$

$$= \int_0^1 (1 + 3x^2 + 3)\, dx$$

$$= \left[4x + x^3 \right]_0^1 = 5$$

□

적분 영역을 보다 일반적인 영역으로 확장하여 보자. 영역 R이

$$R = \{(x,\ y) : a \le x \le b,\ g_1(x) \le y \le g_2(x)\} \quad \cdots\cdots\cdots (1)$$

인 경우([그림 6.1.3]을 보라), 전과 마찬가지로

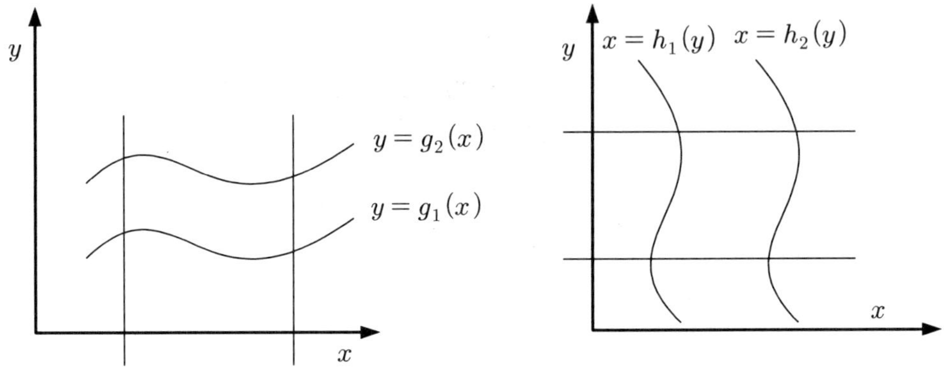

[그림 6.1.3]

x축을 분할하여 $x = x_i$인 평면에 있는 슬라이스의 얼굴 면적 A_i는

$$A_i = \int_{g_1(x_i)}^{g_2(x_i)} f(x_i,\ y)dy$$

이고, 슬라이스의 체적 V_i는

$$V_i \simeq \left\{ \int_{g_1(x_i)}^{g_2(x_i)} f(x_i,\ y)dy \right\} \Delta x$$

이므로, 구하려는 체적 V는

$$V = \iint_R f(x,\ y)\, dy\, dx = \int_a^b \int_{g_1(x)}^{g_2(x)} f(x,\ y)\, dy\, dx \quad \cdots\cdots\cdots (2)$$

임을 알 수 있다. 마찬가지로 영역 R이

$$R = \{(x,\ y) : h_1(y) \le x \le h_2(y),\ c \le y \le d\} \quad \cdots\cdots\cdots (3)$$

인 경우([그림 6.1.3]을 보라), 다음을 얻는다.

$$V = \iint_R f(x,\ y)\,dx\,dy \quad = \int_c^d \int_{h_1(y)}^{h_2(y)} f(x,\ y)\,dx\,dy$$

많은 영역이 (1) 또는 (3)의 형태이지만, (1) 또는 (3)의 형태로 쪼개지는 경우도 왕왕 있다.

예제 다음 함수의 체적을 R상에서 구하라.

$$f(x,\ y) = x^2 + y^2$$
$$R = \{(x,\ y) :\ 0 \le x \le 1,\ \ x^2 \le y \le \sqrt{x}\}$$

풀이 영역 R의 그래프가 [그림 6.1.4]에 있다.

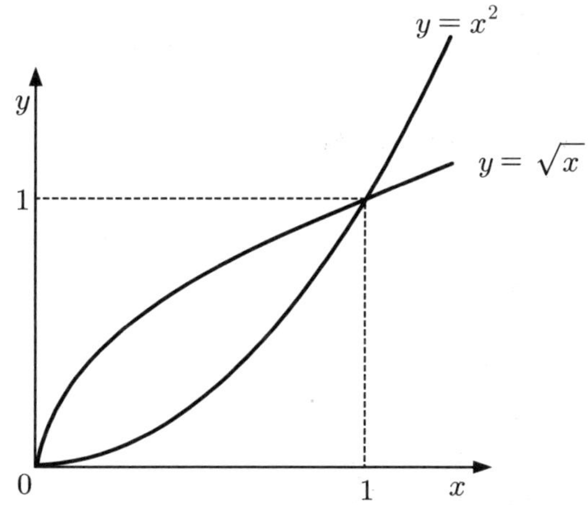

[그림 6.1.4]

식 (2)를 이용하면, 체적 V는 다음과 같다.

$$V = \int_0^1 \int_{x^2}^{\sqrt{x}} (x^2 + y^2)\, dy\, dx$$

$$= \int_0^1 \left[x^2 y + \frac{y^3}{3} \right]_{x^2}^{\sqrt{x}} dx$$

$$= \int_0^1 \left(x^2 \sqrt{x} + \frac{(\sqrt{x})^3}{3} \right) - \left(x^4 + \frac{x^6}{3} \right) dx$$

$$= \left[\frac{2}{7} x^{\frac{7}{2}} + \frac{2}{15} x^{\frac{5}{2}} - \frac{x^5}{5} - \frac{x^7}{21} \right]_0^1$$

$$= \frac{2}{7} + \frac{2}{15} - \frac{1}{5} - \frac{1}{25} = \frac{15}{108}$$

변수 x에 대해 먼저 적분하려면, x는 $x = y^2$과 $x = \sqrt{y}$ 사이에 있으므로, 체적 V를 다음과 같이 구하여도 동일한 결과를 얻는다.

$$V = \int_0^1 \int_{y^2}^{\sqrt{y}} (x^2 + y^2)\, dx\, dy = \frac{15}{108}$$ □

예제 다음 두 함수에 둘러싸인 도형의 체적을 구하라.

$$\begin{cases} x = y^2 + z^2 \\ x = 1 \end{cases}$$

풀이

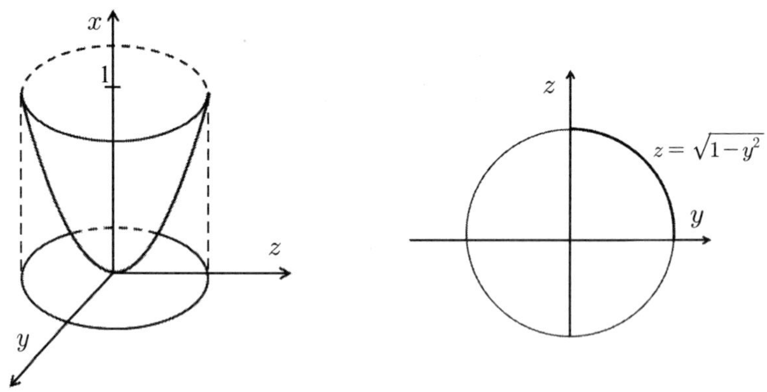

[그림 6.1.5]

높이 1, 반지름 1인 원통의 체적은 π이므로, 도형의 대칭을 이용하면 체적 U는

$$V = 1 - 4\int_0^1 \int_0^{\sqrt{1-y^2}} (y^2 + z^2)\, dz\, dy$$

이며, 이때

$$V_1 = \int_0^1 \int_0^{\sqrt{1-y^2}} (y^2 + z^2)\, dz\, dy$$

$$= \int_0^1 \left[y^2 z + \frac{z^3}{3} \right]_0^{\sqrt{1-y^2}} dy$$

$$= \int_0^1 y^2 \sqrt{1-y^2} + \frac{1}{3}(1-y^2)\sqrt{1-y^2}\ dy$$

이고, $x = \sin\theta$로 치환하여 코사인 이배각의 공식

$$\cos^2\theta = \frac{1+\cos 2\theta}{2}$$

을 이용하면

$$V_1 = \int_0^{\frac{\pi}{2}} \left(\sin^2\theta \cos\theta + \frac{\cos^3\theta}{3} \right) \cos\theta\, d\theta$$

$$= \int_0^{\frac{\pi}{2}} \left(\cos^2\theta - \frac{2}{3} cos^4\theta \right) d\theta$$

$$= \int_0^{\frac{\pi}{2}} \left\{ \frac{1+\cos 2\theta}{2} - \frac{2}{3}\left(\frac{1+\cos^2 2\theta}{2} \right)^2 \right\} d\theta$$

$$= \int_0^{\frac{\pi}{2}} \frac{1}{12}(3 + \cos 2\theta - \cos 4\theta\ )\ d\theta$$

$$= \frac{1}{12}\left[3\theta + \frac{1}{2}\sin 2\theta - \frac{1}{4}\sin 4\theta \right]_0^{\frac{\pi}{2}} = \frac{\pi}{8}$$

이므로, 체적 V는

$$V = \frac{\pi}{2}$$

이다. □

다음에서 설명할 극좌표로의 변수변환을 이용하면 위의 예는 더 쉽게 풀 수 있다.

연습문제 6.1

1. R상에서 다음 함수 아래의 체적을 정의에 의하여 구하라.

(1) $f(x,\ y) = x + 2y$

$R = \{(x,\ y) :\ 1 \le x \le 2,\ \ 3 \le y \le 5\}$

(2) $g(x,\ y) = x^2 + 3y^2$

$R = \{(x,\ y) :\ -1 \le x \le 0,\ \ -2 \le y \le 3\}$

2. 다음 이중적분의 값을 구하라.

(1) $\displaystyle\iint_R x^2 + y\ dA$

$R = \left\{(x,\ y) \mid x^2 + y^2 = 4,\ y \ge 0\right\}$

(2) $\displaystyle\int_2^4 \int_{1+y}^{2+3y} (x - y^2)dx\ dy$

(3) $\displaystyle\int_1^2 \int_{y^5}^{3y^5} \frac{1}{x}\ dx\ dy$

(4) $\displaystyle\iint_R \left(y / \sqrt{x^2 + y^2}\right) dA$

$R = \{(x,\ y) :\ 1 \le x \le y,\ \ 1 \le y \le 2\}$

3. 다음 반복적분의 적분 순서를 바꾸어라.

$$\int_0^1 \int_{\sqrt{y}}^2 f(x,\ y)\ dx\ dy$$

4. 다음에 주어진 절차를 이용하여 적분값을 구하라.

(a) 적분 영역을 그려라.

(b) 적분 순서를 바꾸어, 적분값을 구하라.

(1) $\int_0^2 \int_y^2 e^{x^2}\, dx\, dy$

(2) $\int_2^4 \int_1^y \frac{y^3}{x^3}\, dx\, dy$

(3) $\int_0^1 \int_x^1 dy\, dx$

(4) $\int_0^1 \int_{\sqrt{y}}^1 \sqrt{3-x^3}\, dx\, dy$

5. 다음에 주어진 함수의 중적분을 두 가지 반복적분으로 각각 계산하여, 동일함을 보여라.

$f(x,\ y) = \sqrt{x+y}$

$R = \{(x,\ y) \mid 0 \le x \le 1,\ 1 \le y \le 2\}$

6.2 변수변환과 Jacobian

일변량함수의 정적분

$$\int_a^b f(x)\,dx$$

에서, 만약 함수 $x = g(u)$가 미분가능하고 1:1함수라면, 치환적분법을 이용하여 다음 관계식을 얻는다.

$$\int_a^b f(x)\,dx = \int_{g^{-1}(a)}^{g^{-1}(b)} f(g(u)) \cdot g'(u)\,du$$

이제 이중적분

$$V = \iint_R f(x,\ y)\,dx\,dy$$

에서, 적분변수를 변환하여 보자. 새로운 변수 $u,\ v$와 기존 변수 $x,\ y$간의 관계 T가

$$T: \begin{cases} x = g(u,\ v) \\ y = h(u,\ v) \end{cases} \qquad \cdots\cdots (1)$$

라면, 이는 $u-v$ 평면에서 $x-y$ 평면으로의 사상(a mapping)이 된다. 식 (1)의 관계에 의해 영역 R 위로(onto) 대응된 $u-v$ 평면상의 영역을 S라 하고, 이 사상 T가 1:1이라고 가정하자. 즉,

(1) 임의의 점 $\begin{pmatrix} x \\ y \end{pmatrix} \in R$에 대해,

$$\exists \begin{pmatrix} u \\ v \end{pmatrix} \in S \quad s.t \;\; x = g(u,\ v),\;\; y = h(u,\ v)$$

(2) 만약

$$g(u_1,\ v_1) = g(u_2,\ v_2)$$

$$h(u_1,\ v_1) = h(u_2,\ v_2)$$

이면, $u_1 = u_2$ & $v_1 = v_2$이다.

조건 (2)는 이변량함수의 1:1대응의 정의이다. [그림 6.2.1]을 참고하라.

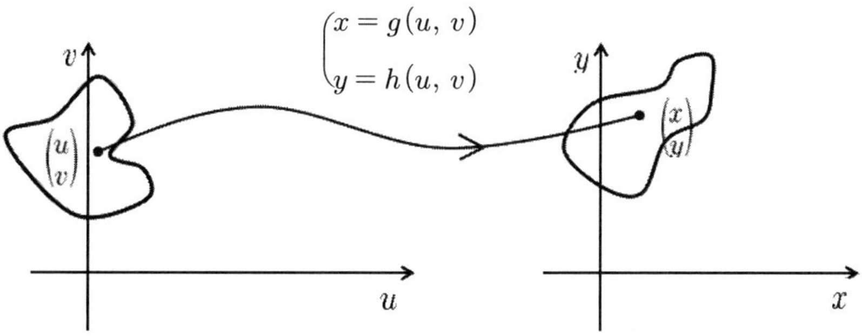

[그림 6.2.1]

정의 **(야코비안, Jacobian)**

만약 함수 $x = g(u,\ v)$, $y = h(u,\ v)$가 미분가능하면, 변수 u, v에 관한 변수 x, y의 Jacobian $\dfrac{\partial(x,\ y)}{\partial(u,\ v)}$을 다음과 같이 정의한다.

$$\frac{\partial(x,\ y)}{\partial(u,\ v)} = \begin{vmatrix} \dfrac{\partial x}{\partial u} & \dfrac{\partial x}{\partial v} \\ \dfrac{\partial y}{\partial u} & \dfrac{\partial y}{\partial v} \end{vmatrix}$$

□

예제 다음에 주어진 변환 T가 1:1인가? 또한 Jacobian을 구하라.

(1) $\begin{cases} x = u+v \\ y = v-u \end{cases}$ (2) $\begin{cases} x = u^2 - v^2 \\ y = 3uv \end{cases}$

풀이

(1) 변환 T에 대하여

$$T\begin{pmatrix} u_1 \\ v_1 \end{pmatrix} = T\begin{pmatrix} u_2 \\ v_2 \end{pmatrix}$$

라고 놓으면

$$u_1 + v_1 = u_2 + v_2$$

$$v_1 - u_1 = v_2 - u_2$$

이므로, 다음이 성립한다.

$$u_1 = u_2,\ v_1 = v_2$$

따라서 변환 T는 1:1이다.

그리고 Jacobian J는

$$J = \frac{\partial(x,\ y)}{\partial(u,\ v)} = \begin{vmatrix} \frac{\partial x}{\partial u} & \frac{\partial x}{\partial v} \\ \frac{\partial y}{\partial u} & \frac{\partial y}{\partial v} \end{vmatrix} = \begin{vmatrix} 1 & 1 \\ -1 & 1 \end{vmatrix} = 2$$

이다.

(2)

$$T\begin{pmatrix} 1 \\ 1 \end{pmatrix} = \begin{pmatrix} 0 \\ 3 \end{pmatrix},\quad T\begin{pmatrix} -1 \\ -1 \end{pmatrix} = \begin{pmatrix} 0 \\ 3 \end{pmatrix}$$

이므로, 변환 T는 1:1이 아니다.

$$J = \begin{vmatrix} \dfrac{\partial x}{\partial u} & \dfrac{\partial x}{\partial v} \\ \\ \dfrac{\partial y}{\partial u} & \dfrac{\partial y}{\partial v} \end{vmatrix} = \begin{vmatrix} 2u & -2v \\ \\ 3v & 3u \end{vmatrix} = 6(u^2 + v^2)$$

□

변수변환을 하여, 영역 R상에서의 이중적분

$$V = \iint_R f(x,\ y)\, dx\, dy$$

을 구하여 보자.

1:1변환 T에 의하여 $x-y$ 공간의 영역 R과 $u-v$ 공간의 영역 S가 대응되므로, $u-v$ 공간의 다음 네 점이

$$(u,\ v), \qquad (u+du,\ v)$$

$$(u,\ v+dv), \qquad (u+du,\ v+dv)$$

변환 T에 의하여 $x-y$ 공간의 다음 네 점에

$$(g(u,\ v),\ h(u,\ v)), \qquad (g(u+du,\ v),\ h(u+du,\ v))$$

$$(g(u,\ v+dv),\ h(u,\ v+dv)), \qquad (g(u+du,\ v+dv),\ h(u+du,\ v+dv))$$

대응된다([그림 6.2.2]를 보라). 그런데

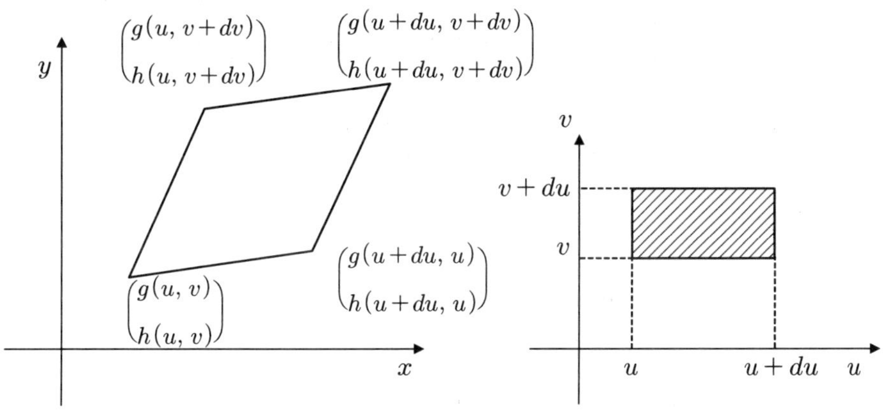

[그림 6.2.2]

$$g(u+du,\ v) = g(u,\ v) + \frac{\partial g}{\partial u} \cdot du$$

$$h(u+du,\ v) = h(u,\ v) + \frac{\partial h}{\partial u} \cdot du$$

$$g(u,\ v+dv) = g(u,\ v) + \frac{\partial g}{\partial v} \cdot dv$$

$$h(u,\ v+dv) = h(u,\ v) + \frac{\partial h}{\partial v} \cdot dv$$

$$g(u+du,\ v+dv) = g(u,\ v) + \frac{\partial g}{\partial u} \cdot du + \frac{\partial g}{\partial v} \cdot dv$$

$$h(u+du,\ v+dv) = h(u,\ v) + \frac{\partial h}{\partial u} \cdot du + \frac{\partial h}{\partial v} \cdot dv$$

이므로, 다음 네 점

$$(0,\ 0),\ \left(\frac{\partial g}{\partial u} \cdot du,\ \frac{\partial h}{\partial u} \cdot du\right),$$

$$\left(\frac{\partial g}{\partial v} \cdot dv,\ \frac{\partial h}{\partial v} \cdot dv\right),\ \left(\frac{\partial g}{\partial u} \cdot du + \frac{\partial g}{\partial v} \cdot dv,\ \frac{\partial h}{\partial u} \cdot du + \frac{\partial h}{\partial v} \cdot dv\right)$$

이 만드는 평행사변형의 면적은 다음과 같다.

$$\left|\det\begin{pmatrix} \frac{\partial g}{\partial u} \cdot du & \frac{\partial h}{\partial u} \cdot du \\ \frac{\partial g}{\partial v} \cdot dv & \frac{\partial h}{\partial v} \cdot dv \end{pmatrix}\right| = \left|\det\begin{pmatrix} \frac{\partial g}{\partial u} & \frac{\partial h}{\partial u} \\ \frac{\partial g}{\partial v} & \frac{\partial h}{\partial v} \end{pmatrix}\right| \cdot du\,dv$$

$$= \left|du\,dv\left(\frac{\partial g}{\partial u} \cdot \frac{\partial h}{\partial v} - \frac{\partial g}{\partial v} \cdot \frac{\partial h}{\partial u}\right)\right|$$

따라서

$$dx\,dy = \left|\frac{\partial(g,\ h)}{\partial(u,\ v)}\right| du\,dv$$

이므로, 다음 변수변환식이 성립한다.

$$\iint_R f(x,\ y)\,dx\,dy = \iint_S f(g(u,\ v),\ h(u,\ v))\left|\frac{\partial(g,\ h)}{\partial(u,\ v)}\right| du\,dv$$

이상을 다음 정리에 요약하여 보자.

정리 6.2.1 **(이중적분의 변수변환)**

만약 변환 T

$$T: \begin{cases} x = g(u,\ v) \\ y = h(u,\ v) \end{cases}$$

는 $x-y$ 공간의 영역 R과 대응되는 $u-v$ 공간의 영역 S에서 1:1이고, 일차편도함수가 연속이라면 다음이 성립한다.

$$\iint_R f(x,\ y)\,dx\,dy = \iint_S f(g(u,\ v),\ h(u,\ v))\left|\frac{\partial(g,\ h)}{\partial(u,\ v)}\right| du\,dv$$

위의 결과는, 분포론에서 연속인 결합밀도함수의 변수변환을 하는 절차와 동일하다.

예제 변수변환을 하여 다음을 구하라.

$$V = \int_0^1 \int_0^1 (x+y)\,dx\,dy$$

$$\begin{cases} x = u - v \\ y = u + v \end{cases}$$

풀이 변수변환 $T: \begin{pmatrix} x \\ y \end{pmatrix} \to \begin{pmatrix} u \\ v \end{pmatrix}$ 이므로, Jacobian은

$$J = \begin{vmatrix} \dfrac{\partial x}{\partial u} & \dfrac{\partial x}{\partial v} \\ \dfrac{\partial y}{\partial u} & \dfrac{\partial y}{\partial v} \end{vmatrix} = \begin{vmatrix} 1 & -1 \\ 1 & 1 \end{vmatrix} = 2$$

이다. 또한 영역 R

$$0 < x < 1$$

$$0 < y < 1$$

은, 변수변환한 영역 S가 된다([그림 6.2.3]을 보라).

따라서 다음 결과를 얻는다.

$$\begin{aligned} V &= \int_0^1 \int_0^1 (x+y)\, dx\, dy \\ &= \iint_S 2u \cdot 2\, du\, dv \\ &= 4\left[\int_0^{\frac{1}{2}} \int_v^{1-v} u\, du\, dv + \int_{-\frac{1}{2}}^{0} \int_{-v}^{v+1} u\, du\, dv\right] \\ &= 2\left[\int_0^{\frac{1}{2}} (1-2v)\, dv + \int_{-\frac{1}{2}}^{0} (2v+1)\, dv\right] \\ &= 2\left\{ \left[v-v^2\right]_0^{\frac{1}{2}} + \left[v^2+v\right]_{-\frac{1}{2}}^{0} \right\} \\ &= 1 \end{aligned}$$

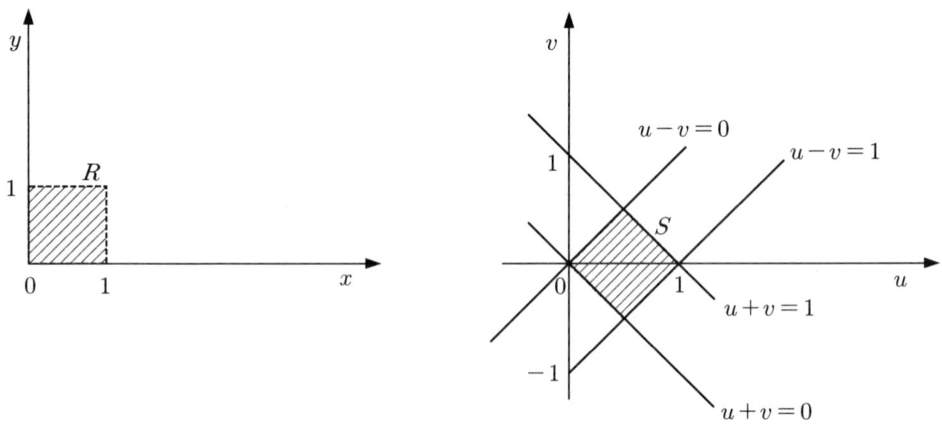

[그림 6.2.3] 영역 R과 S의 그림

예제 변수변환

$$\begin{cases} u = x^2 - y^2 \\ v = 2xy \end{cases}$$

를 하여, 다음을 구하라.

$$\iint_R (x^2 + y^2)\, dx\, dy$$

(단, R은 곡선 $x^2 - y^2 = 1$, $x^2 - y^2 = 9$, $xy = 2, xy = 4$로 둘러싸인 $xy-$평면의 영역)

풀이 $u, v > 0$에 대하여, 변환 T는

$$\begin{pmatrix} u \\ v \end{pmatrix} = T\begin{pmatrix} x \\ y \end{pmatrix} = \begin{pmatrix} x^2 - y^2 \\ 2xy \end{pmatrix}$$

1:1이므로, 변수 x, y에 대한 Jacobian은 다음과 같다.

$$\frac{\partial(u,\ v)}{\partial(x,\ y)} = \begin{vmatrix} \dfrac{\partial u}{\partial x} & \dfrac{\partial v}{\partial x} \\ \dfrac{\partial u}{\partial y} & \dfrac{\partial v}{\partial y} \end{vmatrix} = \begin{vmatrix} 2x & -2y \\ 2y & 2x \end{vmatrix} = 4x^2 + 4y^2$$

따라서 변수 u, v 에 대한 Jacobian J는

$$J = \frac{\partial(x,\ y)}{\partial(u,\ v)} = \frac{1}{4x^2 + 4y^2} = \frac{1}{4\sqrt{u^2 + v^2}}$$

이다.

또한 $xy-$평면의 영역 R은 $uv-$평면의 영역 S로

$$S = \{(u,\ v) \mid 1 \le u \le 9,\ 4 \le v \le 8\}$$

대응된다.

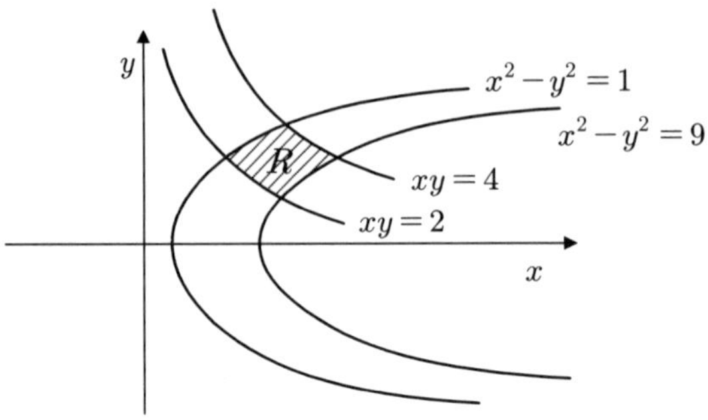

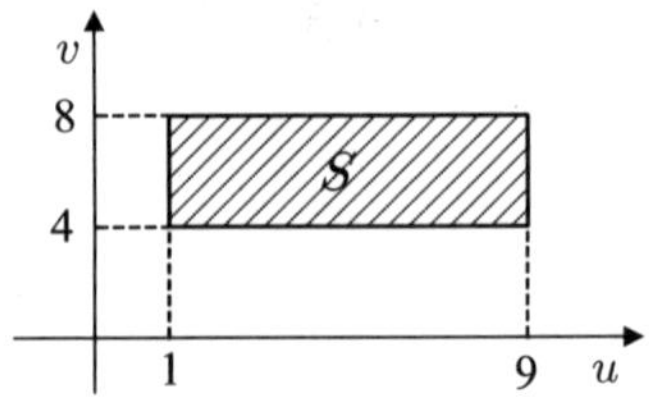

[그림 6.2.4] 영역 R과 S의 그림

따라서 이중적분은

$$\iint_R (x^2+y^2)\,dx\,dy = \iint_R \sqrt{u^2+v^2}\,\frac{du\,dv}{4\sqrt{u^2+v^2}} = \frac{1}{4}\int_4^8\int_1^9 du\,dv = 8$$

이다. □

연습문제 6.2

1. 다음 중적분의 값을 변수변환을 하여 구하라.

$$\int_1^2 \int_0^{-1} \frac{x+y}{x-y}\, dx\, dy$$

2. 영역 R은 $x+y=1$과 $x+y=2$ 사이의 1사분면 내에 있고,

$$\begin{cases} x = u+v \\ y = u-v \end{cases}$$

일 때, 다음을 구하라.

$$V = \iint_R e^{\frac{x+y}{x-y}}\, dx\, dy$$

3. 영역 R은 다음과 같다.

$$R = \{(x,\ y) \mid 1 \le xy \le 2,\ 1 \le xy^2 \le 3\}$$

이때 변수변환

$$u = xy$$

$$v = xy^2$$

을 하여, 다음을 구하라.

$$\iint_R y\, dx\, dy$$

6.3 극좌표로의 변수변환

이 절에서는 직교좌표가 아닌 극좌표 $(r,\ \theta)$의 함수로 주어진

$$z = f(r,\ \theta)$$

의 이중적분에 관하여 공부한다. 직교좌표와 극좌표의 관계는

$$\begin{cases} x = r\cos\theta \\ y = r\sin\theta \qquad (r > 0,\ \ 0 \le \theta < 2\pi) \end{cases}$$

이므로, Jacobian을 구하면

$$\frac{\partial(x,\ y)}{\partial(r,\ \theta)} = \begin{vmatrix} \dfrac{\partial x}{\partial r} & \dfrac{\partial x}{\partial \theta} \\ \dfrac{\partial y}{\partial r} & \dfrac{\partial y}{\partial \theta} \end{vmatrix} = \begin{vmatrix} \cos\theta & -r\sin\theta \\ \sin\theta & r\cos\theta \end{vmatrix} = r$$

이다. 따라서 영역 R에서의 체적 V는 다음과 같다.

$$V = \iint_R f(x,\ y)\,dx\,dy = \iint_S f(r\cos\theta,\ r\sin\theta)\,r\,dr\,d\theta$$

이 공식에서 Jacobian r에 유의하라.

예제 (계속) 다음 두 함수에 둘러싸인 도형의 체적을 극좌표변환을 이용하여 구하라.

$$\begin{cases} z = x^2 + y^2 \\ z = 1 \end{cases}$$

풀이 영역 $R = \{(x, y) : x^2 + y^2 \le 1\}$에서의 체적 V는

$$V = 1 - \iint_R (x^2 + y^2)\, dy\, dx$$

이므로, 극좌표변환

$$\begin{cases} x = r\cos\theta \\ y = r\sin\theta \end{cases}$$

을 이용하면, 구하려는 체적 V는

$$V = 1 - \int_0^{2\pi} \int_0^1 r^2 \cdot r\, dr\, d\theta$$

$$= 1 - \int_0^{2\pi} \frac{1}{4} d\theta = \frac{\pi}{2}$$

로 앞의 예의 결과와 동일함을 알 수 있다. □

예제 다음을 보여라

$$V = \int_{-\infty}^{\infty} \int_{-\infty}^{\infty} \frac{1}{2\pi} e^{-\frac{x^2 + y^2}{2}} dx\, dy = 1$$

풀이 극좌표변환

$$\begin{cases} x = r\cos\theta \\ y = r\sin\theta \end{cases}$$

을 하면, 체적 V는

$$V = \int_0^{2\pi} \int_0^{\infty} \frac{1}{2\pi} e^{-\frac{r^2}{2}} \cdot r\, dr\, d\theta$$

$$= \int_0^{2\pi} \frac{1}{2\pi} \left[-e^{-\frac{r^2}{2}} \right]_0^{\infty} d\theta = 1$$

이다. □

위의 예를 통하여 표준정규분포곡선 아래의 면적은 1임을 알 수 있다. 물론 임의의 정규분포곡선 아래의 면적도 1이 된다.

예제 극좌표변환을 하여 다음을 구하라.

$$\int_{-1}^{1}\int_{-\sqrt{1-x^2}}^{\sqrt{1-x^2}} \frac{2}{(1+x^2+y^2)^2}\,dy\,dx$$

풀이 극좌표변환을 하면

$$V = \int_0^{2\pi}\int_0^1 \frac{2}{(1+r^2)^2}\, r\,dr\,d\theta$$

이므로, $r^2 = t$로 놓아 치환적분을 한다.

$$V = \int_0^{2\pi}\int_0^1 \frac{1}{(1+t)^2}\,dt\,d\theta$$

$$= \int_0^{2\pi}\left[-\frac{1}{1+t}\right]_0^1 d\theta = \pi$$

□

연습문제 6.3

1. 다음을 보여라.

$$\iint_R \frac{1}{1+x^2+y^2}\, dx\, dy = \pi \log 2$$

(단, $R = \{(x,\ y) \mid x^2+y^2 \le 1\}$)

2. 다음을 구하라.

$$\iint_R e^{-(x^2+y^2)}\, dx\, dy$$

(단, $R = \{(x,\ y) \mid x^2+y^2 \le 1\}$)

3. 포물면(paraboloid)

$$z = 9 - x^2 - y^2$$

과 xy-평면에 둘러싸인 입체의 체적을 구하라.

4. $R = \{(x,\ y) \mid 4 \le x^2+y^2 \le 9\}$

에 대하여, 극좌표변환을 하여 다음을 구하라.

$$\iint_R \sqrt{x^2+y^2}\, dx\, dy$$

5. 원추(cone)

$$z = \sqrt{x^2 + y^2}$$

와 포물면

$$z = x^2 + y^2$$

에 둘러싸인 입체의 체적을 구하하라.

$$(\text{Hint : } 4\int_0^1 \int_0^{\sqrt{1-x^2}} \left(\sqrt{x^2+y^2} - (x^2+y^2)\right) dx\, dy)$$

참고문헌

조영수 외 2(2007). ≪해석학≫. 경문사.

허명회(2007). ≪통계수학강의≫. 교우사.

S. I. Grossman(1986). *Multivariate Calculus, Linear Algebra, and Differential Equations*. Academic Press.

S. I. Grossman(1986). *Calculus(3/e)*. Academic Press.

R.G. Bartle & D. R. Sherbert(1982). *Introduction to Real Analysis*. Wiley.

찾아보기